Werkstofftechnische Berichte | Reports of Materials Science and Engineering

Reihe herausgegeben von

Frank Walther, Lehrstuhl für Werkstoffprüftechnik (WPT), TU Dortmund, Dortmund, Nordrhein-Westfalen, Deutschland

IIn den Werkstofftechnischen Berichten werden Ergebnisse aus Forschungsprojekten veröffentlicht, die am Lehrstuhl für Werkstoffprüftechnik (WPT) der Technischen Universität Dortmund in den Bereichen Materialwissenschaft und Werkstofftechnik sowie Mess- und Prüftechnik bearbeitet wurden. Die Forschungsergebnisse bilden eine zuverlässige Datenbasis für die Konstruktion, Fertigung und Überwachung von Hochleistungsprodukten für unterschiedliche wirtschaftliche Branchen. Die Arbeiten geben Einblick in wissenschaftliche und anwendungsorientierte Fragestellungen, mit dem Ziel, strukturelle Integrität durch Werkstoffverständnis unter Berücksichtigung von Ressourceneffizienz zu gewährleisten.

Optimierte Analyse-, Auswerte- und Inspektionsverfahren werden als Entscheidungshilfe bei der Werkstoffauswahl und -charakterisierung, Qualitätskontrolle und Bauteilüberwachung sowie Schadensanalyse genutzt. Neben der Werkstoffqualifizierung und Fertigungsprozessoptimierung gewinnen Maßnahmen des Structural Health Monitorings und der Lebensdauervorhersage an Bedeutung. Bewährte Techniken der Werkstoff- und Bauteilcharakterisierung werden weiterentwickelt und ergänzt, um den hohen Ansprüchen neuentwickelter Produktionsprozesse und Werkstoffsysteme gerecht zu werden.

Reports of Materials Science and Engineering aims at the publication of results of research projects carried out at the Chair of Materials Test Engineering (WPT) at TU Dortmund University in the fields of materials science and engineering as well as measurement and testing technologies. The research results contribute to a reliable database for the design, production and monitoring of high-performance products for different industries. The findings provide an insight to scientific and applied issues, targeted to achieve structural integrity based on materials understanding while considering resource efficiency.

Optimized analysis, evaluation and inspection techniques serve as decision guidance for material selection and characterization, quality control and component monitoring, and damage analysis. Apart from material qualification and production process optimization, activities concerning structural health monitoring and service life prediction are in focus. Established techniques for material and component characterization are aimed to be improved and completed, to match the high demands of novel production processes and material systems.

Nikolas Baak

Mikromagnetische Charakterisierung des Ermüdungsverhaltens und der Eigenspannungsrelaxation tiefgebohrter Proben des Vergütungsstahls 42CrMo4

Nikolas Baak
Bochum, Deutschland

Nikolas Baak
Veröffentlichung als Dissertation in der Fakultät Maschinenbau der Technischen Universität Dortmund.
Promotionsort: Dortmund
Tag der mündlichen Prüfung: 14.10.2022
Vorsitzender: Priv.-Doz. Dr.-Ing. Dipl.-Inform. Andreas Zabel
Erstgutachter: Prof. Dr.-Ing. habil. Frank Walther
Zweitgutachter: Prof. Dr.-Ing. Prof. h.c. Dirk Biermann
Mitberichter: Prof. Priv.-Doz. Dr.-Ing. habil. Peter Starke

ISSN 2524-4809   ISSN 2524-4817 (electronic)
Werkstofftechnische Berichte | Reports of Materials Science and Engineering
ISBN 978-3-658-41678-2   ISBN 978-3-658-41679-9 (eBook)
https://doi.org/10.1007/978-3-658-41679-9

Die Deutsche Nationalbibliothek verzeichnet diese Publikation in der Deutschen Nationalbibliografie; detaillierte bibliografische Daten sind im Internet über http://dnb.d-nb.de abrufbar.

Planung/Lektorat: Stefanie Probst
Springer Vieweg ist ein Imprint der eingetragenen Gesellschaft Springer Fachmedien Wiesbaden GmbH und ist ein Teil von Springer Nature.
Die Anschrift der Gesellschaft ist: Abraham-Lincoln-Str. 46, 65189 Wiesbaden, Germany

Geleitwort

Die Forschungsaktivitäten des Lehrstuhls für Werkstoffprüftechnik an der Technischen Universität Dortmund umfassen die mikromagnetische Charakterisierung des Ermüdungs- und Schädigungsverhaltens ferromagnetischer Stähle unter betriebsrelevanten Bedingungen. Die Untersuchungen zielen grundsätzlich auf ein Mechanismenverständnis der prozess- und werkstoffinitiierten Struktureigenschaften und der daraus abgeleiteten mechanischen Leistungsfähigkeit und Schädigungstoleranz ab.

Die vorliegende Arbeit befasst sich mit der mikromagnetischen Charakterisierung der Eigenspannungsrelaxation und des Ermüdungs- und Schädigungsverhaltens tiefgebohrter Proben aus dem Vergütungsstahl 42CrMo4+QT. Es werden umfassende Mikrostruktur- und Eigenspannungsanalysen für mit verschiedenen Bohrparametern bearbeitete Proben zur Bewertung der Surface Integrity vorgestellt. Um die Randzoneneigenschaften der Bohrungsinnenwand zerstörungsfrei zu bestimmen, werden Barkhausenrauschen- und Wirbelstrom-Prüfverfahren unter Verwendung neuentwickelter Sensorgeometrien ertüchtigt. Die ermüdungsbedingte Entwicklung der Bohrungsrandzone wird in intermittierenden Ermüdungsversuchen untersucht, definierte Schädigungszustände mikrostrukturell und mikromagnetisch analysiert und die zerstörungsfreien Kenngrößen mit etablierten zerstörend ermittelten Kenngrößen kreuzkorreliert.

Die Grundlagenuntersuchungen gewährleisten die vollständige Ausnutzung der vorteilhaften Tiefbohrcharakteristika und qualifizieren die hochgenaue zerstörungsfreie Bewertung der Bohrungsrandzone hinsichtlich eines dauerhaft sicheren Betriebs leistungsfähiger tiefgebohrter Bauteile.

Dortmund　　　　　　　　　　　　　　　　　　　　　　　　　　Frank Walther
Januar 2023

Vorwort

Die vorliegende Arbeit entstand am Lehrstuhl für Werkstoffprüftechnik der Technischen Universität Dortmund im Rahmen des von der Deutschen Forschungsgemeinschaft geförderten Projekts „Untersuchungen zum Einfluss der spanenden Bearbeitung und des Schwefelgehalts auf die Schwingfestigkeit des Vergütungsstahls 42CrMo4+QT", das in Kooperation mit dem Institut für Spanende Fertigung der Technischen Universität Dortmund bearbeitet wurde. An dieser Stelle sei neben dem Fördergeber allen herzlich gedankt, die zum Gelingen dieser Arbeit beigetragen haben.

Insbesondere folgender Personenkreis sei in diesem Zusammenhang ausdrücklich erwähnt:

Herr Prof. Dr.-Ing. habil. F. Walther, Lehrstuhl für Werkstoffprüftechnik, für die hervorragende fachliche und persönliche Betreuung und die Möglichkeit, diese Arbeit unter seiner Leitung anzufertigen. Herr Prof. Dr.-Ing. Prof. h.c. D. Biermann, Institut für Spanende Fertigung, für die Übernahme des Korreferats. Herr Prof. Priv.-Doz. Dr.-Ing. habil. P. Starke, Fachgebiet Werkstoffkunde und Werkstoffprüfung der Hochschule Kaiserslautern, und Herr Priv.-Doz. Dr.-Ing. Dipl.-Inform. A. Zabel, Institut für Spanende Fertigung, für deren Bereitschaft, als Mitglieder im Promotionsprüfungsverfahren mitzuwirken.

Herr J. Nickel für die partnerschaftliche Zusammenarbeit im Projekt und die Bereitstellung der Proben im Rahmen einer exzellenten wissenschaftlichen Kooperation.

Das gesamte Team des Lehrstuhls für Werkstoffprüftechnik für die kollegiale Zusammenarbeit und die angenehme Arbeitsatmosphäre. Besonders sind Herr S. Strodick, der durch viele fachliche sowie nicht-fachliche Diskussionen mein Vorhaben unterstützt hat, sowie Herr M. von Pavel, der als langjährige studentische Hilfskraft, maßgeblich zum Gelingen dieser Arbeit beigetragen hat, zu nennen.

Meine Eltern, die mir mein Studium ermöglicht und so meiner Promotion den Weg geebnet haben. Meine Ehefrau Julia für ihr entgegengebrachtes Vertrauen, ihre Geduld und ihr Verständnis.

Bochum   Nikolas Baak
Januar 2023

Kurzfassung

Die Leistungsfähigkeit von dynamisch hochbelasteten Bauteilen wird maßgeblich durch ihre Oberflächenintegrität anhand der ganzheitlichen Betrachtung der Oberflächen- und Randschichteigenschaften, wie bspw. der Mikrostruktur und Eigenspannungen, bestimmt. Die Oberflächenintegrität wird maßgeblich durch den Herstellprozess und dessen Parameter bestimmt. Das Einlippen-Tiefbohren hat durch den asymmetrischen Aufbau der verwendeten Bohrwerkzeuge das Potential, eine Verfestigung der Randschicht in Verbindung mit vorteilhaften Druckeigenspannungen zu erzeugen. Um das Potential der fertigungsbasierten Bauteiloptimierung auszuschöpfen, ist eine Überwachung der im Herstellprozess erzielten Randschichteigenschaften von essenzieller Bedeutung.

In dieser Arbeit wurden die mikromagnetischen Methoden Barkhausenrauschen und Wirbelstrom dazu ertüchtigt, die mittels Einlippen-Tiefbohren erzeugten Randschichten sicher und zerstörungsfrei charakterisieren zu können. Dazu wurden zunächst umfassende Analysen der Oberflächenintegrität an unter variierten Bohrparametern hergestellten Proben durchgeführt. Es wurden mikrostrukturelle Untersuchungen mit Hilfe von Licht- und Rasterelektronenmikroskopie, sowie röntgenographische Bestimmungen der Eigenspannungszustände vorgenommen. Die Ergebnisse konnten mit den Barkhausenrauschen-Messungen korreliert werden.

Um den Einsatz der mikromagnetischen Methoden für die Zustandsüberwachung im Sinne eines Condition-Monitorings zu erproben, wurden anschießend intermittierende sowie vor dem Versagen abgebrochene Ermüdungsversuche durchgeführt. Die intermittierenden Versuche zeigten, dass eine Charakterisierung der Ermüdungsschädigung mit Hilfe des Barkhausenrauschen-Parameters Koerzitivfeldstärke möglich ist. Weiterhin erfolgte eine umfängliche Beschreibung der Randschichtzustände während der Ermüdungsbelastung an den vorzeitig beendeten Ermüdungsversuchen. Auch hier wurden mikroskopische sowie mittels Elektronenrückstreubeugung kristallographische Bestimmungen der Gefügeveränderungen durchgeführt. Der Eigenspannungstiefenverlauf wurde ebenfalls mittels röntgendiffraktometrischen Untersuchungen bestimmt. Auch diese Randschichtzustände wurden mit den Barkhausenrauschen-Parametern beschrieben.

Zur Erweiterung der Einsatzmöglichkeiten der mikromagnetischen Verfahren erfolgte eine umfassendere Studie an Proben, die unter verschiedenen Kühlschmierstoffen gebohrt wurden. Hier zeigte sich, dass eine universelle Beschreibung des Ermüdungszustands über die Barkhausenrauschen-Amplitude am Remanenzpunkt möglich ist. Darüber hinaus erwies sich die Wirbelstromprüfung als geeignetes Instrument, um die Ermüdungsschädigung zu überwachen.

Zudem gelang es, einen formelmäßigen Zusammenhang der Ermüdungsschädigung mit dem Barkhausenrauschen zu finden. Auch eine Bestimmung des Eigenspannungszustands mit Hilfe des Barkhausenrauschens konnte realisiert werden.

Abstract

The performance of dynamically highly loaded components is largely determined by their surface integrity as a holistic consideration of the surface and boundary layer properties, such as microstructure and residual stresses. The surface integrity is largely determined by the manufacturing process and its parameters. Single-lip deep drilling has the potential to induce a work hardening of the surface layer in combination with advantageous compressive residual stresses due to the asymmetric design of the drilling tools used. In order to utilize the potential of manufacturing-based part optimization, monitoring of the surface layer properties achieved in the manufacturing process is essential.

In this work, the micromagnetic methods, Barkhausen noise and eddy current, have been improved to reliably characterize the surface layers produced by single-lip deep drilling in a non-destructive manner. To achieve this, comprehensive analyses of the surface integrity were first carried out on samples produced under varying drilling parameters. Microstructural examinations were carried out with the use of light and scanning electron microscopes, as well as radiographic determinations of the residual stress states. The results could be correlated with the Barkhausen noise measurements.

In order to test the use of the micromagnetic methods for condition monitoring, intermittent and pre-failure fatigue tests were carried out. The intermittent tests showed that a characterization of the fatigue damage is possible with the help of the Barkhausen noise parameter coercivity. Furthermore, a comprehensive description of the boundary layer states during fatigue loading was carried out on the pre-failure fatigue test. Here as well microscopic and by means of electron backscatter diffraction crystallographic determinations of the structural changes were carried out. The residual stress profile was also determined by means of X-ray diffraction. These boundary layer states were also described with the Barkhausen noise parameters.

In order to extend the application possibilities of the micromagnetic methods, a more comprehensive study was carried out on samples drilled under different cooling lubricants. Here it was shown that a universal description of the fatigue state via the Barkhausen noise amplitude at the remanence point is possible. In addition, eddy current testing proved to be a suitable tool for monitoring fatigue damage.

In addition, it was possible to find a formulaic relationship between fatigue damage and Barkhausen noise. It was also possible to determine the stress state with the aid of the Barkhausen noise.

Inhaltsverzeichnis

Abkürzungsverzeichnis

BTA	Einrohr-Bohren (Boring and Trepanning Association)
EBSD	Elektronenrückstreubeugung (Electron Backscatter Diffraction)
ELB	Einlippenbohrer
ESV	Einstufenversuch
KSS	Kühlschmierstoff
LSV	Laststeigerungsversuch
LSZ	Lastspielzahl
MBR	Magnetisches Barkhausen Rauschen
NPAR	Neighbor Pattern Averaging and Reindexing
REK	Röntgenographische Elastizitätskonstanten
REM	Rasterelektronenmikroskop
RMS	Quadratisches Mittel (Root Mean Square)
SPD	Starke plastische Verformung (Severe Plastic Deformation)
WEL	Weiß anätzende Schicht (White Etching Layer)
XRD	Röntgendiffraktometer (X-Ray Diffractometer)

Formelzeichenverzeichnis

Lateinische Symbole

Formelzeichen	Bezeichnung	Einheit
A	Fläche	mm^2
A_c	Übergangstemperatur im Fe-C-Diagramm	$°C$
A_i	Fläche Korn i	μm^2
A_K	Mittlere Korngröße	μm^2
A_{WS}	Amplitude der Induktionsspannung	V
D	Durchmesser	mm
B	Magnetische Flussdichte	T
B_r	Remanenz	T
B_S	Sättigungsflussdichte	T
d_0	Netzebenenabstand des dehnungsfreien Zustands	nm
d_{hkl}	Netzebenenabstand	nm
d_i	Korndurchmesser Korn i	μm
d_K	Mittlerer Korndurchmesser	μm
E	E-Modul	GPa
f	Vorschub	mm
f_{bp}	Bandpassfilter-Frequenz	kHz
F_f	Vorschubkraft	N
f_{mag}	Magnetisierungsfrequenz	Hz
$F_{p,a}$	Passivkraft an der Außenschneide	N
$F_{p,i}$	Passivkraft an der Innenschneide	N

f_{zyk}	Frequenz	Hz
F	Kraft	N
H	Magnetische Feldstärke	A/m
H_c	Koerzitivfeldstärke	A/m
H_{ci}	Koerzitivfeldstärke unter Einfluss von Einschlüssen	A/m
H_{cK}	Koerzitivfeldstärke unter Einfluss der Korngröße	A/m
H_{co}	Koerzitivfeldstärke des unbeeinflussten Werkstoffs	A/m
H_P	Magnetfeld Primärspule	A/m
H_S	Magnetfeld Sekundärspule	A/m
I_{Strahl}	Strahlstrom	pA
I_P	Strom Primärspule	A
I_W	Strom Sekundärspule	A
l	Länge	mm
M	Magnetisierung	A/m
M_D	Bohrmoment	Nm
M_{max}	Maximale Barkhausenrauschen-Amplitude	mV
M_r	Barkhausenrauschen-Amplitude am Remanenzpunkt	mV
M_s	Martensitstarttemperatur	°C
N	Lastspielzahl	–
N_B	Bruchlastspielzahl	–
N_{grenz}	Grenzlastspielzahl	–
N_K	Anzahl an Körnern	–
R	Spannungsverhältnis	–
R_e	Streckgrenze	MPa
R_m	Zugfestigkeit	MPa
$R_{p0,2}$	Dehngrenze	MPa
R_z	Rautiefe	μm
t	Zeit	s
T_A	Austenitisierungstemperatur	°C
T_{1-4}	Temperatur der Thermoelemente 1-4	°C
$T_{PM,max}$	Maximaltemperatur Pyrometer	°C

U_{AC}	Wechselstrompotential	V
U_B	Beschleunigungsspannung	kV
v_c	Schnittgeschwindigkeit	m/s
WD	Arbeitsabstand (Working Distance)	mm

Griechische Symbole

Formelzeichen	Bezeichnung	Einheit
Δf_{zyk}	Frequenzabweichung	Hz
ΔN	Stufenlänge LSV	–
ΔT	Temperaturänderung	K
$\Delta\sigma$	Spannungsschwingbreite	MPa
$\Delta\sigma_a$	Stufenhöhe LSV	MPa
δ	Eindringtiefe	mm
ε	Dehnung; lokale Gitterverzerrung	–
$\varepsilon_{a,p}$	Plastische Dehnungsamplitude	–
η	Komplementärwinkel zu θ	°
θ	Bragg/Glanzwinkel	°
θ_K	Missorientierungswinkel	°
λ	Wellenlänge	nm
μ	Permeabilität	H/m
μ_0	Magnetische Feldkonstante	N/A^2
μ'_{max}	Maximale relative Permeabilität	–
μ'_n	Initiale relative Permeabilität	–
μ_r	Relative Permeabilität	–
σ	Spannung	MPa
σ_a	Spannungsamplitude	MPa
$\sigma_{a,start}$	Startamplitude LSV	MPa
σ_{ele}	Elektrische Leitfähigkeit	$10^{-6}\ \Omega\ mm^2/m$ [S/m]
σ'_F	Zyklische Fließgrenze	MPa
σ_m	Mittelspannung	MPa
σ_{max}	Maximale Zugspannung	MPa

σ_o	Oberspannung	MPa
σ_{ES}	Eigenspannung	MPa
σ_u	Unterspannung	MPa
σ	Spannung	MPa
υ	Poissonzahl	–
φ	Azimutwinkel der Messrichtung	°
φ_{WS}	Phase Induktionsspannung	°
Φ	Magnetischer Fluss	$\mu Vs\ [Tm^2]$
Φ_{cm}	Abgeleitete Koerzitivfeldstärke	μVs
ψ	Polwinkel der Messrichtung	°
ω	Einstrahlwinkel	°
$\varnothing_B$	Durchmesser Bohrung	mm
$\varnothing_K$	Durchmesser Kollimator	mm

Abbildungsverzeichnis

Tabellenverzeichnis

Einleitung 1

Vergütungsstähle haben große Bedeutung für Komponenten des Maschinen- und Werkzeugbaus. Sie finden in vielen, vor allem aber bei dynamisch hochbelasteten Bauteilen Anwendung. So werden sie in Motoren, unter anderem als Kurbel- und Nockenwellen oder Einspritzsysteme, in Pumpen, als Ventilsitze oder für Normteile, wie hochfeste Schrauben oder Bolzen eingesetzt. Dabei ist vor allem ihre hohe Festigkeit in Verbindung mit einer guten Zähigkeit vorteilhaft.

Die Leistungsfähigkeit von diesen Bauteilen wird insbesondere durch die mechanischen Eigenschaften ihrer Oberflächen und Randschichten beeinflusst, die durch ihren Herstell- und speziell den Zerspanprozess bestimmt werden. So können durch geeignete Prozessschritte vorteilhafte Randschichteigenschaften erzeugt werden, wohingegen ungeeignete Prozessparameter die Leistungsfähigkeit massiv beeinträchtigen können. Zu nennen sind im einfachsten Fall Eigenschaften wie die Oberflächengüte in Form von Rauheit. Doch auch die gezielte Steigerung der Leistungsfähigkeit mittels Verfestigung durch Kaltverformung oder die Erzeugung von Eigenspannungen können durch optimierte Fertigungsparameter erreicht werden.

In der heutigen Zeit ist es im Hinblick auf den Klimaschutz und steigende Ressourcenknappheit von entscheidender Bedeutung, die Leistungsfähigkeit und Einsatzzeit von Bauteilen zu maximieren. Daher ist es wichtig, die Randzoneneigenschaften der Bauteile nach dem Fertigungsprozess schnell und sicher überprüfen zu können. Weiterhin sollten die betriebsbedingten Schädigungen überwacht werden können, um dadurch ein vorzeitiges Austauschen der Komponenten zu verhindern.

N. Baak, *Mikromagnetische Charakterisierung des Ermüdungsverhaltens und der Eigenspannungsrelaxation tiefgebohrter Proben des Vergütungsstahls 42CrMo4*, Werkstofftechnische Berichte | Reports of Materials Science and Engineering, https://doi.org/10.1007/978-3-658-41679-9_1

Eine schnelle und robuste Möglichkeit zur Überwachung der Randzoneneigenschaften bietet das magnetische Barkhausenrauschen. Dieses Verfahren basiert auf der Analyse der Barkhausensprüngen, die von spontanen Ummagnetisierungsvorgängen der magnetischen Domänen verursacht werden. Diese sind sensitiv für eine Vielzahl an mechanischen und mikrostrukturellen Aspekten, wie z. B. die Härte, die Korngröße sowie den (Eigen-)Spannungszustands des Bauteils.

Stand der Technik

2.1 Vergütungsstahl

Eine für Eisenwerkstoffe häufig eingesetzte Wärmebehandlung ist das Vergüten. Es findet bei untereutektoiden unlegierten und niedriglegierten Stählen Anwendung. Die Wärmebehandlung (Abbildung 2.1) umfasst zunächst ein martensitisches Härten, bestehend aus Austenitisierung ($T_A > A_{c3}$) mit anschließendem Abschrecken bis unter Martensitstarttemperatur (M_s), das zu einer martensitischen Mikrostruktur mit damit verbundener hoher Härte und geringer Duktilität führt. Anschließend erfolgt ein Anlassen bei einer Temperatur unterhalb der eutektoiden Temperatur (A_{c1}). Dabei hängen die resultierende Mikrostruktur und die damit verbundenen Werkstoffeigenschaften maßgeblich mit der Anlasstemperatur zusammen. Mit steigender Anlasstemperatur kommt es zu einer Abnahme der Festigkeit in Verbindung mit einem Anstieg der Zähigkeit. Zunächst verringert sich die Versetzungsenergie und es bildet sich kubischer α'-Martensit, wodurch die Glashärte abgebaut und das Material verwendbar wird. Mit steigender Temperatur (200–350 °C) kommt es zu einer weiteren Entspannung des α'-Martensits, der Ausscheidung von fein verteiltem Fe_3C sowie zur Umwandlung des Restaustenits. Dadurch sinken die Zugfestigkeit R_m und die Härte signifikant, die Streckgrenze R_e sinkt jedoch nicht im gleichen Maß. Bei Anlasstemperaturen von über 350 °C bis unter A_{c1} sinkt R_m weiter, wohingegen die Duktilität merklich zunimmt. Es kommt zur Koagulation von Fe_3C sowie der Ausbildung stabilerer Sonderkarbide. In der Praxis wird zumeist eine Anlasstemperatur zwischen 550 und 650 °C gewählt, da hier ein zweckmäßiger Kompromiss

N. Baak, *Mikromagnetische Charakterisierung des Ermüdungsverhaltens und der Eigenspannungsrelaxation tiefgebohrter Proben des Vergütungsstahls 42CrMo4*, Werkstofftechnische Berichte | Reports of Materials Science and Engineering, https://doi.org/10.1007/978-3-658-41679-9_2

von ausreichender Festigkeit in Kombination mit hoher, für die Betriebssicherheit entscheidender, Zähigkeit erreicht werden kann [1,2].

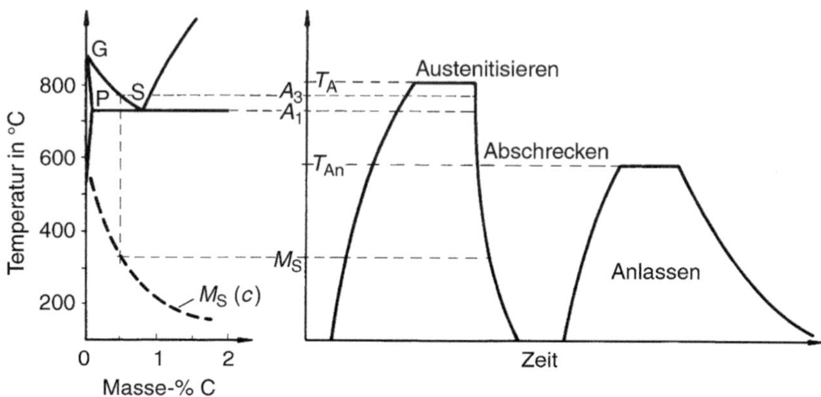

Abbildung 2.1 Verfahrensschritte beim Vergüten von Stählen [1] Reproduced with permission from Springer Nature

Für Bauteile, die hohen dynamischen und schwingenden Belastungen ausgesetzt sind, haben diese Vergütungsstähle gemäß DIN EN 683–2 eine hohe Relevanz. Diese Werkstoffgruppe weist neben einer hohen Streckgrenze und guten Zähigkeit eine hohe Bruchzähigkeit auf. Durch die hohe Bruchzähigkeit ist nach dem initialen Anriss noch eine lange Lebensdauer im Zeitfestigkeitsbereich zu erwarten. 42CrMo4+QT (AISI 4140, DIN 1.7225) ist ein typischer Vertreter dieser Werkstoffgruppe [3].

Der Kohlenstoff sorgt für eine gute Einhärtbarkeit, Chrom und Molybdän für eine gute Härtbarkeit. Für eine gute Zerspanbarkeit wird Schwefel als Spanbrecher zulegiert. Allerdings ist zu beachten, dass die Anforderungen der Zerspanbarkeit gegenläufig mit der Forderung eines hohen Reinheitsgrads für die Ermüdungsfestigkeit sind [3–5].

2.2   Zerspanung

Fertigungsverfahren sind Verfahren zur Herstellung von geometrisch bestimmten festen Körpern. Diese lassen sich gemäß Tabelle 2.1 in verschiedene Hauptgruppen einteilen. Die Zerspanung ist dabei der Hauptgruppe 3, dem Trennen, zuzuordnen. Diese charakterisiert sich durch das Aufheben des Zusammenhaltens von Körpern [6].

Tabelle 2.1 Merkmale der Hauptgruppen der Fertigungsverfahren nach [6] Wiedergegeben mit Erlaubnis des Verein Deutscher Ingenieure e. V.

Schaffen der Form	Ändern der Form				Ändern der Stoffeigen-schaften
Zusammenhalt schaffen	Zusammenhalt behalten	Zusammenhalt vermindern	Zusammenhalt vermehren		-
Hauptgruppe 1 Urformen	Hauptgruppe 2 Umformen	Hauptgruppe 3 Trennen	Hauptgruppe 4 Fügen	Hauptgruppe 5 Beschichten	Hauptgruppe 6 Stoffeigen-schaft ändern

Die Zerspanung lässt sich gemäß DIN 8589 in sechs Gruppen und nach den Prozessen, zudem in Untergruppen einteilen. Diese Einteilung wird durch die Ordnungsnummern beschrieben. Das Spanen mit geometrisch bestimmten Schneiden ist der Gruppe 3.2 und das Bohren, Senken und Reiben der Untergruppe 3.2.2 zugeordnet [7–9].

Der Zerspanprozess mit geometrisch bestimmter Schneide ist dadurch definiert, dass die Anzahl und die Geometrie der im Eingriff befindlichen Werkzeuge jederzeit bestimmbar sind. Konträr dazu ist der Zerspanprozess mit geometrisch unbestimmter Schneide, dies sind bspw. Schleif-, Polier und Finishprozesse.

2.2.1 Einlippen-Tiefbohren

Tiefbohren ist ein Verfahren gemäß Untergruppe 3.2.2. Der Übergang zwischen konventionellem Bohren und Tiefbohren ist nicht klar definiert, es wird aber in der Regel bei Bohrungen mit einer Tiefe von mehr als dem zehnfachen Durchmesser von einer Tiefbohrung gesprochen [10].

Verschiedene Arten von Bohrprozessen werden für verschiedene Bohrungsdurchmesser D und Länge zu Durchmesserverhältnissen l/D verwendet (Abbildung 2.2). So wird typischerweise für Bohrungen mit großen Durchmessern das BTA (Boring and Trepanning Association) eingesetzt, wohingegen Einlippenbohrer (ELB) für Bohrungen mit geringeren Durchmessern von D = 0,5 bis 80 mm Verwendung finden. Dabei können mit ELB extrem große Länge zu Durchmesserverhältnisse von bis zu l/D = 900 realisiert werden [10].

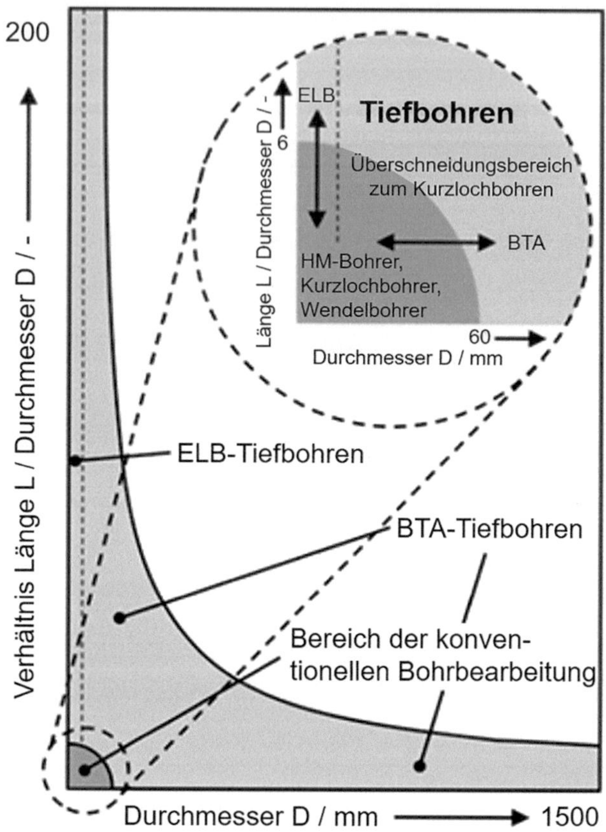

Abbildung 2.2 Einsatzfeld der Tiefbohrwerkzeuge im Vergleich zu „konventionellen Werkzeugen" nach [11] Wiedergegeben mit Erlaubnis des Verein Deutscher Ingenieure e. V

ELB sind im Gegensatz zu den bekannteren Wendelbohrern asymmetrisch aufgebaut (Abbildung 2.3). Der Bohrer weist eine Schneide (4) sowie Führungsleisten (1+5) auf, welche die im Bohrprozess entstehenden Passivkräfte auf die Bohrungswand übertragen. Der Kühlschmierstoff (KSS) wird über eine oder mehrere Bohrungen im Inneren des Werkzeugs an die Wirkstelle geleitet, an der es zusammen mit den Spänen über eine Sicke (2) abgeführt wird. Durch den asymmetrischen Aufbau ergeben sich einige Besonderheiten für den Prozess. Unter anderem muss der Bohrer zu Beginn der Bohrung geführt werden. Dies geschieht entweder über eine Bohrbuchse (6–11), was allerdings nur auf einer speziellen Tiefbohranlage erfolgen kann oder durch eine Pilotbohrung, wodurch ELB auch auf konventionellen Bearbeitungszentren verwendet werden können [12].

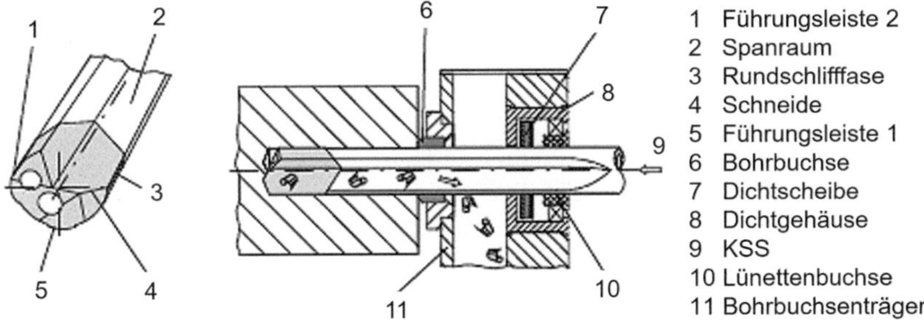

Abbildung 2.3 Wesentliche Merkmale des ELB-Verfahrens nach VDI 3208 [12] Wiedergegeben mit Erlaubnis des Verein Deutscher Ingenieure e. V

Abbildung 2.4 zeigt verschiedene Anschliffformen der ELB gemäß der VDI-Richtlinie 3208 [12]: drei Standardvarianten (a-c) sowie eine mit einem Sonderanschliff (d). Bei den Standardanschliffformen teilt sich die Hauptschneide in eine Außen- und Innenschneide, die sich in ihren Winkeln unterscheiden. Die Auswahl des Standardwerkzeugs ergibt sich aus dem gewünschten Bohrungsdurchmesser. Das Werkzeug mit Sonderanschliff hat einen Radiusschliff an der Außenschneide und lediglich eine sehr kleine Innenschneide. Diese Werkzeugform findet bspw. im Hydraulikbereich Anwendung, da die runden Bohrungsausläufe bei Sacklochbohrungen Spannungsspitzen durch Kerbwirkung vermeiden [13].

Die im Bohrprozess entstehenden Kräfte zeigt Abbildung 2.5. So entwickeln sich durch den Zerspanprozess Schnitt- und Vorschubkräfte an der Haupt- und Nebenschneide, welche sich im Fall der Hauptschneide auf die Innen- und Außenschneide aufteilen. Dazu kommen Reib- und Normalkräfte an den Führungsleisten, die die im Prozess entstehenden Zerspankräfte kompensieren. Durch die Wahl des Werkszeugs ändern sich auch die auf das Werkzeug und -stück wirkenden Kräfte, da sich bspw. die Passivkräfte an der Außenschneide $F_{p,a}$ und der Innenschneide $F_{p,i}$ gegenseitig kompensieren [14].

Weiterhin ist zu beachten, dass durch eine Erhöhung des Vorschubs, aufgrund einer Erhöhung der Passivkräfte, die Beeinflussung der Randzone zunimmt. Allerdings führt die Erhöhung des Vorschubs auch zu höheren Abständen der

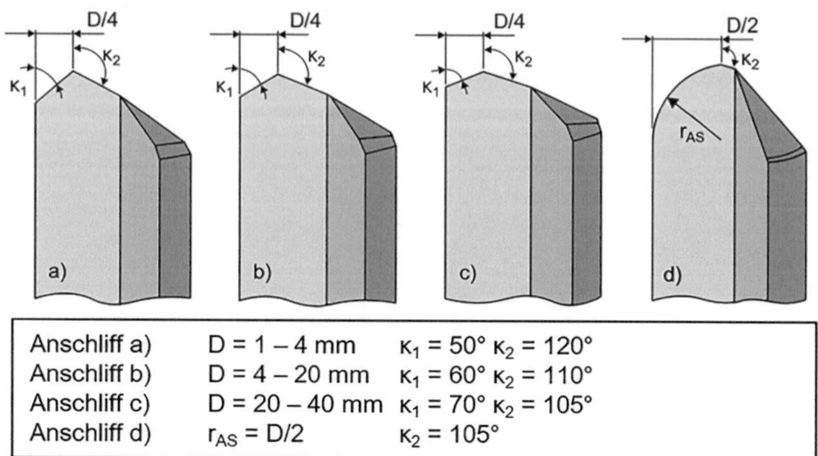

Anschliff a)	$D = 1 - 4$ mm	$\kappa_1 = 50°$ $\kappa_2 = 120°$
Anschliff b)	$D = 4 - 20$ mm	$\kappa_1 = 60°$ $\kappa_2 = 110°$
Anschliff c)	$D = 20 - 40$ mm	$\kappa_1 = 70°$ $\kappa_2 = 105°$
Anschliff d)	$r_{AS} = D/2$	$\kappa_2 = 105°$

Abbildung 2.4   Anschliffgeometrien von Einlippenbohrern gemäß VDI 3208 [12,13] Wiedergegeben mit Erlaubnis des Verein Deutscher Ingenieure e. V

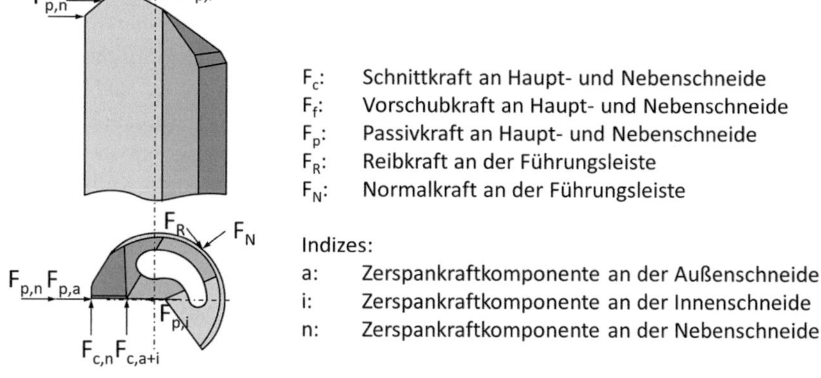

F_c: Schnittkraft an Haupt- und Nebenschneide
F_f: Vorschubkraft an Haupt- und Nebenschneide
F_p: Passivkraft an Haupt- und Nebenschneide
F_R: Reibkraft an der Führungsleiste
F_N: Normalkraft an der Führungsleiste

Indizes:
a: Zerspankraftkomponente an der Außenschneide
i: Zerspankraftkomponente an der Innenschneide
n: Zerspankraftkomponente an der Nebenschneide

Abbildung 2.5   Zerspankraftkomponenten beim Einlippen-Tiefbohren nach [14,15]

Werkzeugkontakte und damit zu weniger Überrollungen insgesamt. Dieser in Abbildung 2.6 skizzierte Effekt führt zu einer messbaren Veränderung der Härteverteilung in der Randzone [16].

Abbildung 2.6 Einfluss des Vorschubs auf die Randzone nach [16] Reproduced with permission from Springer Nature'

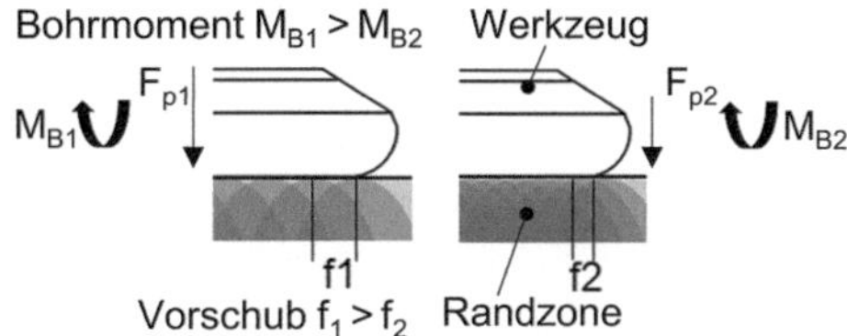

2.2.2 White Etching Layer

Im Zerspanprozess kann es zur Bildung von im Lichtmikroskop weiß erscheinenden Schichten auf der Bohrungswand kommen, den sog. White Etching Layern (WEL). Die Bildung der Schichten im Bohrprozess kann durch verschiedene Mechanismen erfolgen [17–19]. So führt ein Überschreiten der Austenitisierungstemperatur A_{c3}, gefolgt von einer raschen Abkühlung durch das Kühlmedium, zur Bildung einer thermisch induzierten Martensitschicht. Diese Schichten weisen in der Regel Zugeigenspannungen auf [20]. Der dabei gebildete dunkel anätzende Saum ist durch ein Anlassen weicher als das Ausgangsmaterial [21,22]. Wenn A_{c3} nicht überschritten wird, kommt es zu starken plastischen Verformungen (engl. severe plastic deformation, SPD), welche durch die erhöhte Prozesstemperatur über einen Rekristallisationsvorgang ein homogenes, sehr feinkörniges Gefüge in Verbindung mit Druckeigenspannungen bilden [23–25].

2.3 Eigenspannungen

In Werkstoffen werden durch äußere Lasten und Momente Spannungen erzeugt. Diese sind über elastizitätstheoretische Beziehungen mit Dehnungen des Kristallgitters verknüpft. Als Eigenspannungen bezeichnet man Spannungen, die ohne eine von außen auf den Werkstoff wirkende Ursache im Werkstoff vorhanden sind. Diese Spannungen werden zumeist durch ungleichmäßige Formänderungen hervorgerufen, bspw. durch die meisten technisch relevanten Herstellprozesse, wie dem Umformen, Zerspanen oder Fügen. Dabei befinden sich die Kräfte innerhalb eines Bauteils immer in einem Gleichgewicht [26].

Die Eigenspannungen werden in der Regel in Eigenspannungen I., II. und III. Art unterschieden (Abbildung 2.7). Dabei bilden Eigenspannungen I. Art die Eigenspannungen in einem Volumen, welches eine ausreichend große Anzahl an Kristalliten enthält, um für das Material repräsentativ zu sein. Die Eigenspannungen I. Art werden auch als Makrospannungen bezeichnet und führen zu Eigendehnungen, die mittels röntgenographischer Methoden bestimmt werden können. Eigenspannungen II. und III. Art werden auch als Mikrospannungen bezeichnet und beziehen sich in ihrer Ausdehnung auf den Bereich einzelner Kristallite und sind somit nicht repräsentativ für das Material. Eigenspannungen II. Art geben die Abweichung der Spannung eines Kristallits zur Eigenspannung I. Art an. Die Eigenspannungen III. Art ergeben sich aus der Abweichung der Spannung innerhalb eines Kristallits von der Summe der Eigenspannungen I. und II. Art [27,28].

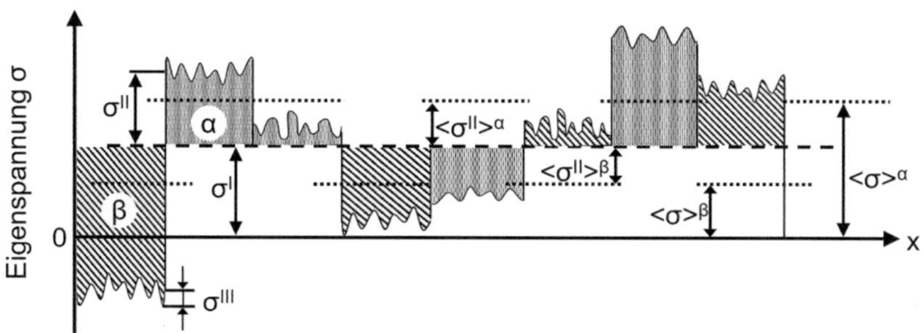

Abbildung 2.7 Darstellung der Eigenspannungen I., II. und II. Art am Beispiel eines zweiphasigen Materials nach [27]

2.3.1 Nachbearbeitungsverfahren

Eigenspannungen können durch verschiedene dem Fertigungsprozess nachgelagerte Prozesse in das Bauteil gezielt eingebracht werden. So ist bspw. das Festwalzen ein gängiges Verfahren die Leistungsfähigkeit von Kurbelwellen zu verbessern [29,30], das Kugelstrahlen zur Optimierung von Turbinenschaufeln [31] oder die Autofrettage zur Steigerung des Einspritzdrucks von Common-Rail Systemen [32].

Festwalzen

Der Festwalzprozess hat das Ziel, die Ermüdungsfestigkeit von Bauteilen zu verbessern. Dazu werden die Bauteile vor allem im Sinne der folgenden Aspekte optimiert. Es werden Mikrokerben beseitigt, die Randzone wird kaltverfestigt, sowie Druckeigenspannungen in der Randzone eingebracht [33]. Beim Festwalzen werden verschiedene Verfahren angewandt. Bei rotationssymmetrischen Bauteilen wie bspw. Torsionsstäben [34] oder Eisenbahnachsen [35] finden Festwalzmaschinen mit symmetrisch angeordneten rollenförmigen Drückwerkzeugen Anwendung, bei asymmetrischen Bauteilen wie Flugturbinenbauteilen [36] robotergestützte Festwalzsysteme mit einem oder mehreren Werkzeugen.

Durch das Festwalzen können durch Zerspanprozesse eingebrachte Zugeigenspannungen signifikant verringert oder mit höheren Walzdrücken Druckeigenspannungen bis -900 MPa in das Bauteil eingebracht werden. Darüber hinaus kann durch den Walzprozess bei einer gemittelten Rautiefe von $R_z > 2\mu m$ eine Verbesserung der Oberflächengüte um 40–50 % erreicht werden. Bei Rautiefen von $R_z < 2\mu m$ ist noch eine Verbesserung um 30 % möglich [37].

Eine wesentliche Verbesserung des Festwalzprozesses kann durch eine Erwärmung des Bauteils mittels zusätzlicher induktiver Heizung erreicht werden. Die dadurch eingebrachten Druckeigenspannungen sind höher und liegen wesentlich tiefer im Bauteil. Darüber hinaus bauen sie sich unter Ermüdungsbelastung weniger schnell ab [38–41].

Autofrettage

Die Autofrettage ist ein hydraulisches Verfahren zur Einbringung von Druckeigenspannungen in druckbelasteten Rohren und vergleichbaren Komponenten. Das Verfahren leitet sich historisch aus der Herstellung von Kanonenrohren ab, so wurden auf die Rohre Ringe aufgeschrumpft, um dadurch dem Druck des Pulvers entgegen zu wirken. Heutzutage wird die Wirkung durch eine einmalige Drucküberlast auf einem wesentlich höheren Niveau als im späteren Einsatz erreicht. Dabei kommt es zu einer plastischen Deformation der Zylinderinnenwand und dadurch nach Entfernen der Druckbelastung zur Bildung von Druckeigenspannungen an der Innenwand des Zylinders [32,42–44].

Neben dem ursprünglichen Anwendungsgebiet [45], der Verbesserung von Kanonenrohren, ist ein häufiges Anwendungsgebiet der Autofrettage die Verbesserung der Lebensdauer von Hydraulikkomponenten wie bspw. Teilen aus Common-Rail-Einspritzsystemen und Hochdruckpumpen [32,46,47].

2.3.2 Zerspanprozess

Beim Zerspanprozess kommt es in der Bauteilrandzone zu starken Veränderungen, durch die Kräfte und Temperaturen die im Prozess entstehen. Diese führen zur Verformung des Bauteils und auch zu Phasenumwandlungen. Grundlegend kann die Eigenspannungsbildung im Zerspanprozess auf vier Mechanismen zurückgeführt werden [48]:

- Plastische Verformung durch mechanische Lasten: Verdichtung der Oberfläche führt zur Bildung von Druckeigenspannungen.
- Plastische Verformung durch thermische Lasten: Größere Ausdehnung der Oberfläche führt zur Bildung von Zugeigenspannungen.
- Plastische Verformung durch Phasentransformationen: Volumenänderungen aufgrund der Phasenumwandlung führen zur Eigenspannungsbildung; bei Volumenreduktion (Martensit zu Austenit) Bildung von Zugeigenspannungen, bei Volumenzunahme (Austenit zu Martensit) Bildung von Druckeigenspannungen.
- Kombination der vorgenannten Mechanismen: In der Praxis treten die vorgenannten Mechanismen zumeist in Kombination auf und führen so zur verstärkten Bildung von Zug- oder Druckeigenspannungen.

Daraus folgen in konventionellen Tiefbohrprozessen mit Wendelbohrern zumeist unerwünschte Zugeigenspannungen [49]. Durch eine optimierte Kühlschmier-Strategie und der damit verbundenen Senkung der Prozesstemperaturen können die Eigenspannungen aber in den Druckbereich verschoben werden [50].

Bei der Verwendung von asymmetrisch aufgebauten Tiefbohrwerkzeugen wie bspw. beim BTA- oder Einlippen-Tiefbohren, kommt es durch das Abstützen der Bohrkräfte über die Führungsleisten, neben dem Spanvorgang an der Schneide, zu einer Umformung der Bohrungswand. Diese Verformung kann durch optimierte Wahl der Schnittparameter und Kühlschmierstrategie dazu genutzt werden, vorteilhafte Druckeigenspannungen in das Bauteil zu induzieren. In Abbildung 2.8 ist schematisch die Bildung von Eigenspannungen im Autofrettage-Prozess, der häufig zur Induktion von Eigenspannungen in kleinen Bohrungen genutzt wird, mit der beim Einlippen-Tiefbohren gegenübergestellt. Während die Verformung der oberflächennahen Bereiche bei der Autofrettage durch den Innendruck hervorgerufen wird, geschieht dies beim Einlippen-Tiefbohren durch die Passivkräfte, die sich über die Führungsleisten an der Bohrungswand abstützen [16,51–53].

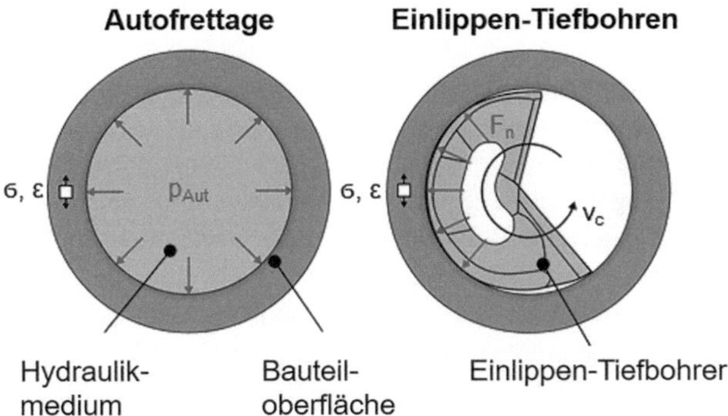

Abbildung 2.8 Beeinflussung der Rohrinnenwand durch a) Autofrettage und b) den Einlippen-Tiefbohrprozess nach [16,54] Reproduced with permission from Springer Nature

2.3.3 Spannungsrelaxation

Die durch den Fertigungs- oder Nachbearbeitungsprozess induzierten Eigenspannungen können sich aufgrund verschiedener Aspekte im Betrieb abbauen. So führt eine thermische Belastung, unabhängig von den mechanischen Lasten, zu einem Abbau der Eigenspannungen. Eine quasistatische Belastung führt zu einem Abbau der Eigenspannung in Abhängigkeit der Festigkeit. Wenn die Summe aus den Eigenspannungen und den aufgeprägten Spannungen die Streckgrenze überschreiten, kommt es durch plastische Verformung zum Abbau der Eigenspannungen. Eine zyklische Belastung führt im ersten Zyklus zu einer mit der quasistatischen Belastung vergleichbaren Reaktion. Anschließend bauen sich die Eigenspannungen durch plastische Verformung solange weiter ab, wie die kombinierte Spannung die Streckgrenze überschreitet. Dieses Verhalten wird dominiert durch die Druckbelastung [55,56].

Der Abbau der maximalen Randeigenspannungen am inneren Durchmesser von dickwandigen Zylindern, wie z. B. durch Reibvorgänge, führt zu einer Verlagerung der Spannung zur äußeren Oberfläche [57].

2.4 Ermüdung

2.4.1 Grundlagen

Die Ermüdung ist eine lange bekannte, jedoch unvermeidbare Schadensursache für technische Anlagen. Sie bezeichnet ein Versagen durch sich häufig wiederholende, zeitlich veränderliche Belastung. Die außergewöhnliche Gefahr liegt dabei darin, dass die Belastung zum einen zumeist weit unter der durch das Bauteil statisch ertragbaren Last liegt und zum anderen, dass dem Versagen keine makroskopisch erkennbare Verformung vorher geht [58,59].

Dabei ist es unerheblich, welche Art von Belastung auf das Bauteil einwirkt. So kann die Last axial, radial (biegend) oder torsional auf den Körper einwirken. Auch anwendungsspezifische wechselnde Belastungen wie bspw. Innen- und Außendrücke oder thermische Wechsellasten, sowie beliebige Kombinationen verschiedener Lastarten können zum Versagen der Bauteile führen.

Für die Ermüdung ist das Schwingspiel (Abbildung 2.9) relevant, welches die sich zeitlich wiederholende sinusförmige Beanspruchung beschreibt. Die maximale Spannung wird als Oberspannung σ_o, die minimale Spannung als Unterspannung σ_u bezeichnet. Die Schwingbreite $\Delta\sigma$ gibt die Differenz der Extremwerte an:

$$\Delta\sigma = \sigma_o - \sigma_u \tag{2.1}$$

Bei der Untersuchung der Ermüdungseigenschaften wird zumeist die Mittelspannung:

$$\sigma_m = \frac{\sigma_o - \sigma_u}{2} \tag{2.2}$$

sowie die Spannungsamplitude:

$$\sigma_a = \frac{\sigma_o + \sigma_u}{2} = \frac{\Delta\sigma}{2} \tag{2.3}$$

zur Beschreibung der wirkenden Beanspruchung angegeben.

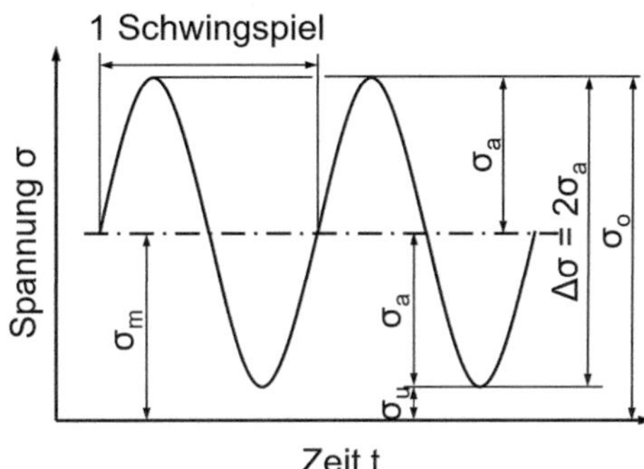

Abbildung 2.9
Beanspruchungskennwerte im Dauerschwingversuch [58] Reproduced with permission from Springer Nature

Durch das Spannungsverhältnis R nach (Abbildung 2.10)

$$R = \frac{\sigma_u}{\sigma_o} \qquad (2.4)$$

wird die absolute Lage des Schwingspiels beschrieben. Spannungsverhältnisse zwischen $1 < R < \infty$ beschreiben rein druckschwellende Beanspruchungen, Spannungsverhältnisse im Bereich $0 < R < 1$ zugschwellende Beanspruchungen, $-\infty < R < -1$ beschreiben wechselnde Belastungen mit negativer Mittelspannung, $-1 < R < 0$ ebensolche mit positiver Mittelspannung. Der Sonderfall $R = -1$ bezeichnet eine mittelspannungsfreie Wechselbeanspruchung [58,60].

Die Schwingfestigkeitsversuche können in unterschiedlichen Konfigurationen durchgeführt werden. Zunächst ist die Versuchsführung mit konstanten Lasten zu nennen, so wie sie bereits August Wöhler Mitte des 19. Jahrhunderts durchgeführt hat [61,62]. Diese Versuche werden als Einstufenversuche (ESV) bezeichnet. Weiterhin können Versuche mit variierenden Lasten durchgeführt werden. Zwei Versuchskonzepte mit im Versuchsverlauf steigenden Lasten sind zum einen der stufenförmige Laststeigerungsversuch (LSV), bei dem die Last nach einer festgelegten Schwingspielzahl stufenförmig um einen festgelegten Wert gesteigert wird und zum anderen der kontinuierliche Laststeigerungsversuch, bei dem die Last kontinuierlich im Versuchsverlauf gesteigert wird. Neben diesen konstanten Versuchen sind Betriebsfestigkeitsversuche zu nennen, in denen die Proben mit betriebsähnlichen Lastverläufen beaufschlagt werden [58,60].

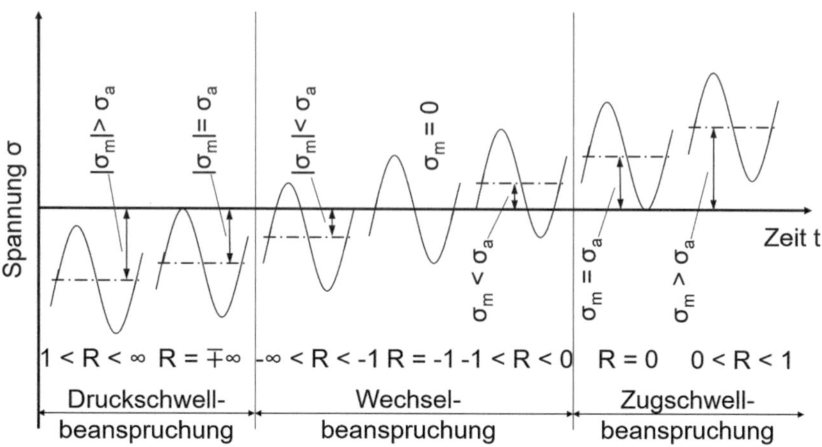

Abbildung 2.10 Beanspruchungsbereiche im Dauerschwingversuch nach [58] Reproduced with permission from Springer Nature

2.4.2 Einfluss der Eigenspannung

Eigenspannungen summieren sich mit Betriebslasten auf und wirken so im Betrieb auf das Bauteil wie eine Mittelspannung. In Abbildung 2.11 ist schematisch dargestellt, wie sich Druckeigenspannungen mit der Spannung aus einer Biegebelastung überlagern. Zur Veranschaulichung sind die Eigenspannungen als konstant dargestellt. Die Druckeigenspannungen am Rand des Bauteils werden durch Zugeigenspannungen in der Mitte des Bauteils ausgeglichen. Während sich die maximale Zugbelastung σ_{max} um den Betrag der Druckeigenspannung σ_{ES} reduziert, addiert sie sich im Fall der Druckbelastung auf [58,60].

Bei einer zyklischen Belastung ist die Ermüdungsfestigkeit durch die Druckeigenspannungen erhöht.

Der Einfluss des Eigenspannungszustands auf die Ermüdungsfestigkeit kann in einem Haigh-Diagramm (Abbildung 2.12) abgelesen werden. M_E beschreibt die Schwingfestigkeit σ_A in Abhängigkeit der Eigenspannung σ_{ES}. Bei positiven Eigenspannungswerte sinkt die Schwingfestigkeit σ_A und bei negativen Eigenspannungen steigt sie. Wenn die Summe aus Oberspannung σ_O und die Eigenspannung σ_{ES} die zyklische Fließgrenze σ'_F überschreitet, werden die Eigenspannungen während der Ermüdung abgebaut und sind so nur noch teilweise wirksam [58,60].

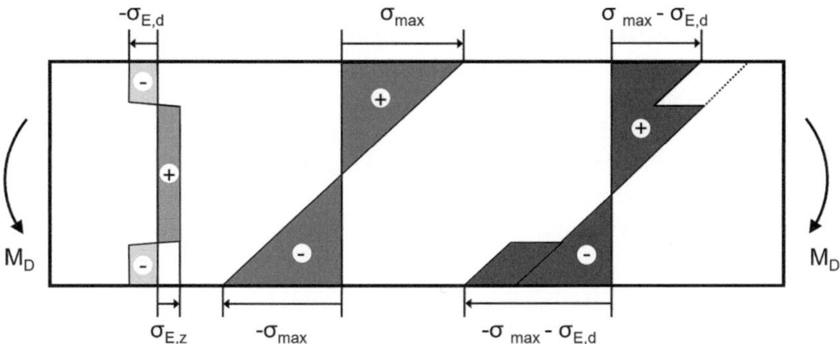

Abbildung 2.11 Überlagerung von Eigenspannungen und Spannungen aus Belastung nach [60] Reproduced with permission from Springer Nature

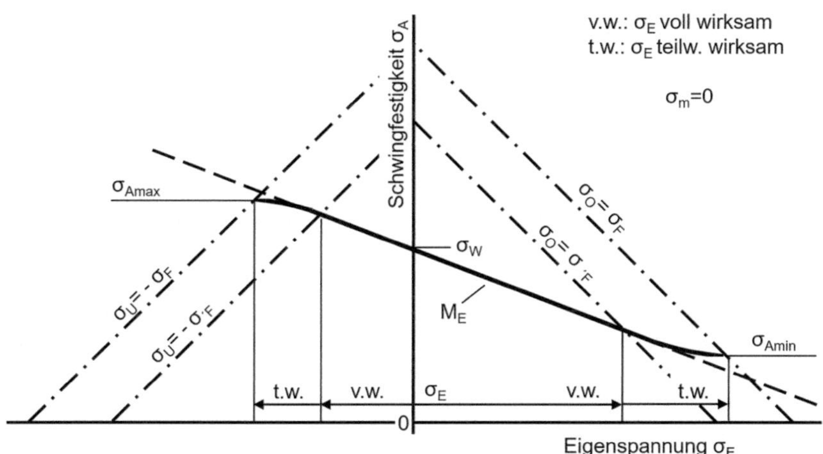

Abbildung 2.12 Dauerfestigkeitsschaubild nach Haigh mit dem Einfluss der Eigenspannung σ_E auf die Schwingfestigkeit σ_A von ungekerbten Proben bei der Mittelspannung $\sigma_m = 0$ nach [58,63,64] Reproduced with permission from Springer Nature

2.5   Mikromagnetik

Der Begriff Mikromagnetik wurde ursprünglich in den 1960er Jahren von Brown [65–68] geprägt. Dieser Ansatz betrachtet die Orientierung der magnetischen Dipole als kontinuierliche Funktion, wobei die magnetostatische Interaktion der Dipole der dominierende Faktor ist.

Dabei kann das bereits zuvor gängige System, welches die magnetischen Strukturen mittels Domänen bzw. Weiß'schen Bezirke und Bloch- oder Néel-Wänden erklärt, auch beschrieben werden. Auch wenn die Theorie der Mikromagnetik zweifelsohne die exaktere Beschreibung der magnetischen Strukturen ermöglicht, ist die dahinterstehende Mathematik derart komplex, sodass sich diese nicht gegen die Domänen-Theorie durchsetzen konnte. Im Allgemeinen werden unter Mikromagnetik heutzutage alle von der Ausrichtung magnetischer Dipole abhängigen Messtechniken verstanden [67].

2.5.1   Barkhausenrauschen

Das bekannteste mikromagnetische Phänomen ist das Barkhausenrauschen, welches durch Heinrich Georg Barkhausen 1919 [69] erstmalig beschrieben wurde. Abbildung 2.13 zeigt den einfachen Versuchsaufbau, den Barkhausen nutzte. Hier wurde ein Eisenstab (E) mit Hilfe eines Magneten (M) magnetisiert. Bei einer Bewegung des Magneten wurden in einer Spule (S) unregelmäßige Stromstöße induziert, welche mit einem Verstärker (V) 10.000-fach verstärkt wurden und mittels eines Lautsprechers (T, Telephon) hörbargemacht wurden. Mit dem parallel angeschlossenen Spiegelgalvanometer (G) konnten die Induktionsstöße visualisiert werden. Schon damals stellte Barkhausen einen Zusammenhang mit der Härte des Materials und der Lautstärke des Geräusches fest. So war das Geräusch, bzw. der Ausschlag des Galvanometers, umso intensiver, je weicher das Material war.

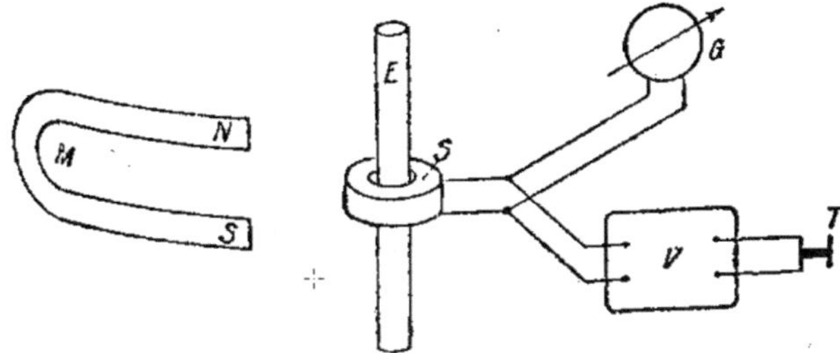

Abbildung 2.13 Versuchsanordnung zur Detektion von Geräuschen beim Ummagnetisieren von Eisen [69]

2.5.2 Wirbelstromprüfung

Die elektromagnetische Induktion wurde bereits 1821 von Michael Faraday entdeckt. Inspiriert von einem Experiment, das Hans Oersted 1819 durchführte, zeigte er, dass eine elektrische Spannung durch ein magnetisches Feld erzeugt werden kann. Dies realisierte er durch die Konstruktion eines Apparates, den man als ersten Transformator bezeichnen kann [70]. Eine ähnliche Entdeckung machte Joseph Henry bereits 1820, veröffentlichte diese jedoch erst nach Faraday, weshalb diesem die Entdeckung zugeschrieben wurde. Der Grundstein für die moderne Materialprüfung mittels Wirbelstrom wurde von Friedrich Förster in den 1940er Jahren [71,72] gelegt. Da er ein umfassendes Verständnis für die Wechselwirkung von elektromagnetischen Feldern mit Metallen sowie deren Anwendung in der Werkstoffprüfung schuf [73,74].

In Abbildung 2.14 ist der Aufbau der Wirbelstromprüfung schematisch dargestellt. Durch einen Wechselstrom I_P in einer Erregerspule wir ein Magnetfeld H_P erzeugt und durch dieses Wirbelströme I_W in dem zu untersuchenden Bauteil induziert. Diese Wirbelströme wiederum induzieren das Magnetfeld H_S. H_S induziert in einer Empfängerspule eine der Differenz von H_P zu H_S proportionalen Strom [75].

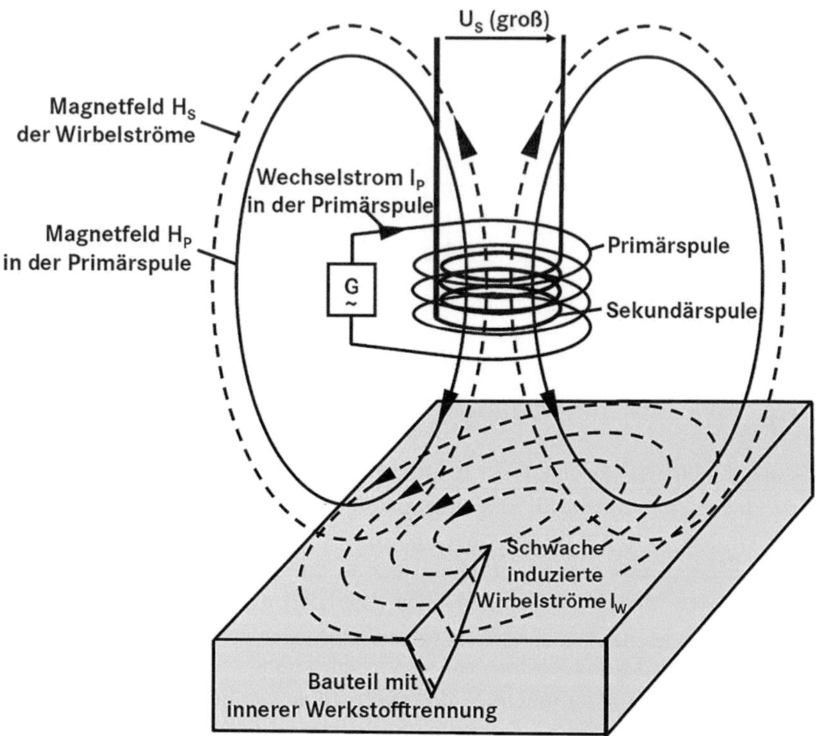

Abbildung 2.14 Wirbelstromprüfung eines mit einer lokalen Werkstofftrennung versehenen planen Bauteils [75] mit freundlicher Genehmigung von Carl Hanser Verlag

Das Ergebnis der Wirbelstromprüfung ist die komplexe Induktionsspannung (Abbildung 2.15), die sich aus dem realen Teil der Messspannung, aufgetragen auf der X-Achse, und dem imaginären Teil, aufgetragen auf der Y-Achse, zusammen setzt. Typischerweise wird die komplexe Induktionsspannung mit ihrer Amplitude A_{WS} und ihrer Phase φ_{WS} beschrieben [73].

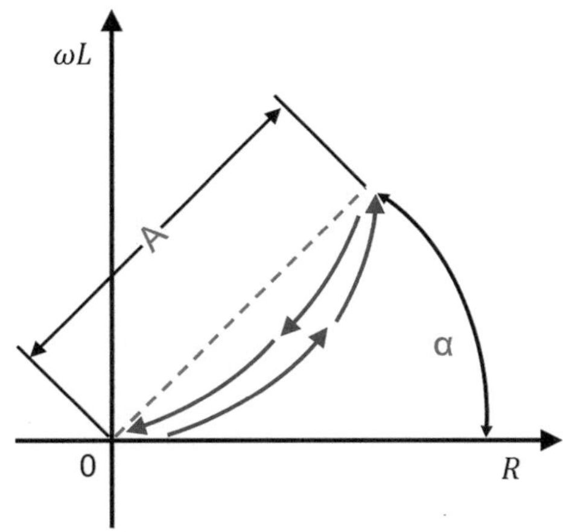

Abbildung 2.15 X-Y Darstellung (Vektor-Punkt-Methode) bei der Messgrößenerfassung und Defektoskopie nach [73]

Einflüsse auf die Induktionsspannung äußern sich in der Regel in einer kombinierten Beeinflussung der Amplitude A_{WS} und der Phase φ_{WS}, welche in Impedanzortskurven beschrieben werden können. Abbildung 2.16 zeigt Impedanzortskurven verschiedener Einflüsse auf die Spulenimpedanz.

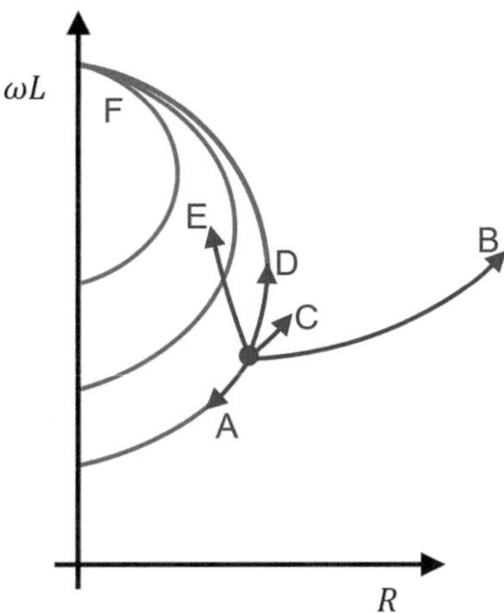

Abbildung 2.16 Einflüsse von Prüfkörpereigenschaften auf die Veränderung der Prüfspulenimpedanz nach [73]

Die Verschiebungen der Impedanz-Ortskurven A-D können auf die im Folgenden aufgeführten Einflüsse zurückgeführt werden:

A/D   Veränderung der elektrischen Leitfähigkeit

B   Vergrößerung der Permeabilität (Kaltverformung, Temperatur)

C   Innenfehler oder Verringerung der Wanddicke bei gleichbleibendem Außendurchmesser (Rohre)

E   Außenfehler (Risse)

F   Abstandseffekte (Lift-Off), geringerer Außendurchmesser Rohrprüfung

2.5.3   Magnetische Hysterese

Grundlage für den Einsatz der Mikromagnetik als vielseitige, zerstörungsfreie Möglichkeit zur Charakterisierung von Werkstückeigenschaften, wie bspw. Eigenspannung, Härte oder Mikrostruktur ist die magnetische Hysterese ferromagnetischer Materialien. Dies sind Materialien, die in einem externen Magnetfeld magnetisch werden und einen Restmagnetismus nach Entfernen der externen Anregung beibehalten. Das Magnetisierungsverhalten des ferromagnetischen Werkstoffs beschreibt eine Hystereseschleife (Abbildung 2.17) mit dem magnetischen Feld H auf der Abszisse und der magnetischen Flussdichte B auf der Ordinate beschrieben werden. Dabei repräsentiert H die externe magnetische Erregung und B die magnetische Induktion, also die magnetische Antwort des Werkstoffs. Vom unmagnetisierten Zustand ($B = H = 0$) steigt die magnetische Flussdichte mit Erhöhung der Feldstärke bis zu Sättigung B_S. Wird das Magnetfeld nun wieder entfernt verbleibt ein Teil der aufgebauten Magnetisierung im Material. Dieser Restmagnetismus wird als Remanenz B_r bezeichnet. Durch Aufbringen eines gegenläufigen Magnetfelds wird bei einer bestimmten Höhe des H Felds die Induktion wieder kompensiert und das Bauteil ist nicht mehr magnetisch. Die Stärke des zur Kompensation benötigten H Felds ist die Koerzitivfeldstärke H_c.

Die Magnetisierung M ist über 2.5 direkt mit der magnetischen Flussdichte B verknüpft, wobei μ die Permeabilität und μ_0 die magnetische Feldkonstante, die Permeabilität im Vakuum, darstellt.

$$B = \mu_0(H + M) = \mu H \qquad (2.5)$$

Die Permeabilität μ berechnet sich aus der magnetischen Feldkonstante und der relativen Permeabilität μ_r, welche vom Werkstoff und Werkstoffzustand abhängig ist, wie folgt:

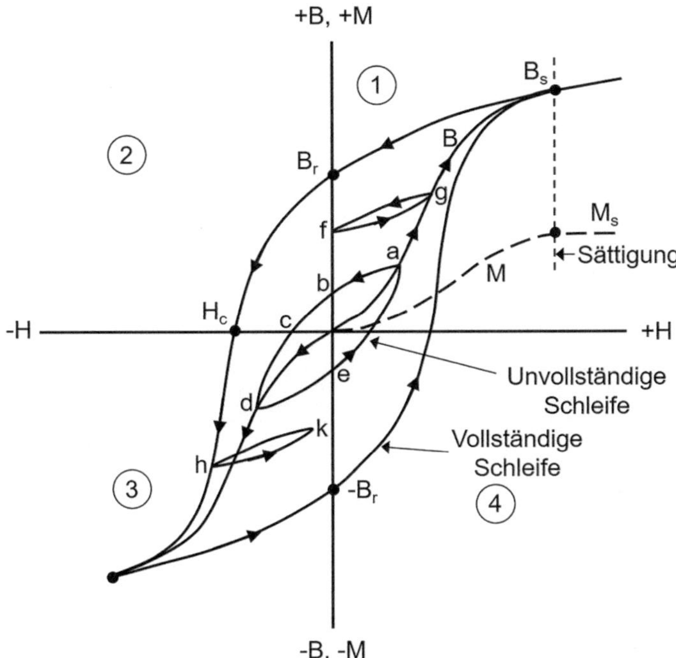

Abbildung 2.17 Magnetisierungskurven und Hystereseschleifen nach[67]

$$\mu = \mu_0 \cdot \mu_r \tag{2.6}$$

Eine grundlegende mathematische Beschreibung der Hysterese, mit der vollständige und unvollständige Durchläufe berechnet werden können, bietet das Jiles-Atherton-Modell [76], welches fortlaufend um weitere Aspekte ergänzt wird [77–79].

Das Hystereseverhalten ist durch die Ausrichtung der magnetischen Domänen, der Weiß'schen Bezirke, die von Wänden getrennt werden, in Richtung des externen Magnetfelds bestimmt. Dabei kommt es einerseits zu einem Drehen der Domänen in Richtung des externen Magnetfelds, als auch zum spontanen Umklappen der Domänenwände. Die Orientierungen der Domänen sind in kubischen Materialien entweder um 90° oder 180° versetzt. Es wird zwischen zwei Arten von Domänenwänden (Abbildung 2.18) unterschieden, welche durch die

Drehrichtung der Feldlinien charakterisiert sind. Die Bloch-Wand (a) wird charakterisiert durch eine Rotation parallel zu Wand, die Néel-Wand (b) durch eine Rotation senkrecht zur Wand. Aus energetischen Gründen sind Domänenwände in volumenbehafteten Bauteilen stets Bloch-Wände und in dünnen Schichten stets Néel-Wände [68].

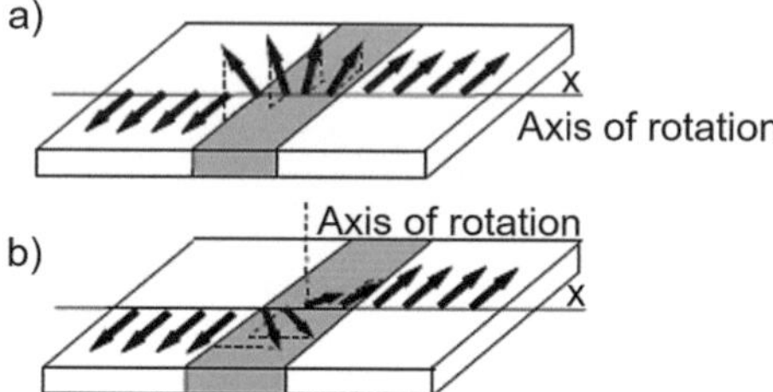

Abbildung 2.18
Drehrichtungen der Feldlinien in 180° Domänenwänden a) Bloch-Wand b) Néel-Wand nach [68] Reproduced with permission from Springer Nature

Die Magnetisierung der ferromagnetischen Probe erfolgt in mehreren Phasen (Abbildung 2.19). Zunächst wachsen die Domänen, die günstig zum äußeren Magnetfeld orientiert sind, auf Kosten der ungünstig orientierten Domänen. Dies geschieht bis zum ersten Knickpunkt der Magnetisierungskurve reversibel. Wird eine kritische Magnetisierung überschritten, können die Domänengrenzen Hindernisse überwinden und es kommt zu einem starken Anstieg der Magnetisierung. Diese sprunghaften Vorgänge sind irreversibel. Am nächsten Knickpunkt der Magnetisierungskurve liegen nur noch Domänen in einer Orientierung vor. Diese rotiert dann bis hin zur magnetischen Sättigung in Richtung des äußeren Magnetfelds. Darüber hinaus ist keine weitere Magnetisierung möglich, obgleich M, entsprechend Gl. (2.5), weiter mit H ansteigt [67,80].

Der Magnetisierungsvorgang setzt sich also aus der Bewegung von Domänenwänden, sowie einer Rotation der Domänen in Richtung des äußeren Feldes zusammen. Wie Abbildung 2.20 zeigt ist die Bewegung der Domänenwände der dominierende Faktor und für einen Großteil der magnetischen Induktion verantwortlich.

Die Bewegung der Domänenwände wird durch verschiedene Faktoren behindert. Alle Behinderungen sind im weitesten Sinne auf Ungänzen im Kristallgitter zurückzuführen, welche entweder in Form von Gitterdefekten oder Mikrospannungen vorliegen. Im einfachsten Falle handelt es sich bei den Gitterdefekten um Poren, Risse oder nichtmetallische Einschlüsse wie Oxide oder Sulfide. Die Domänenwände werden aus zwei Gründen an den Einschlüssen festgehalten bzw. gepinnt. Einerseits ergibt sich beim Schneiden des Einschlusses eine Verringerung

Abbildung 2.19
Veränderung der
Domänenstruktur bei
Magnetisierung bis zur
Sättigung; a)
unmagnetischer
Ausgangszustand; b)
teilmagnetisierter Zustand
durch Bloch-Wand
Bewegung; c) zum
Wendepunkt der
Magnetisierungskurve
durch irreversible Rotation
der Domänen; d) zur
Sättigung durch reversible
Rotation [80]

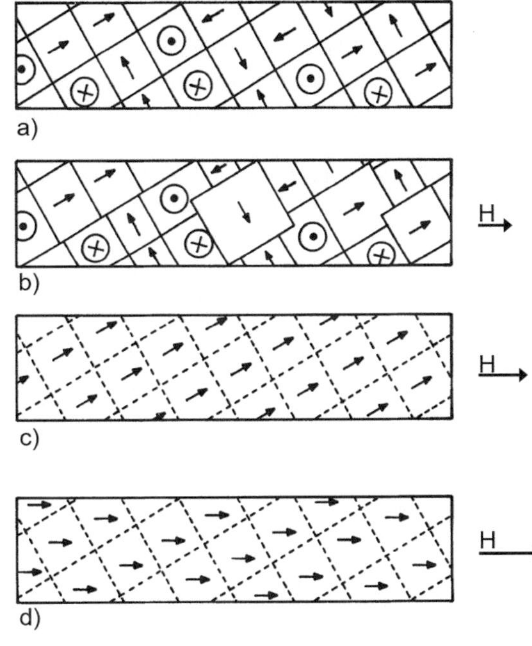

Abbildung 2.20
Magnetisierungsprozesse
nach [67]

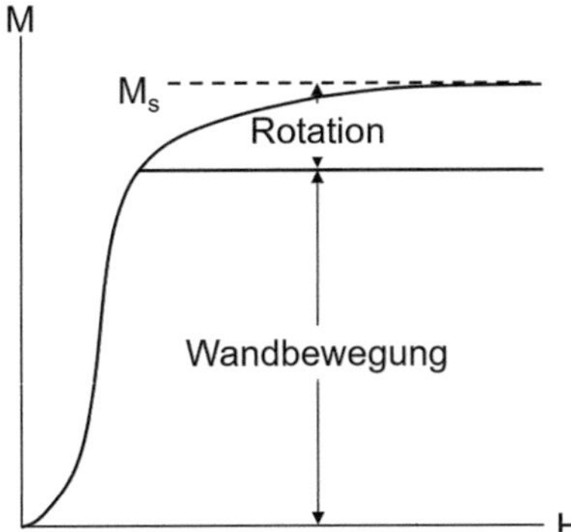

der Wandoberfläche um πr^2 und andererseits kommt es durch die Umverteilung
der freien Pole in etwa zu einer Halbierung der magnetostatischen Energie [67].

Die magnetostatische Energie kann unter geringer Erhöhung der Wandenergie
durch die Bildung von Stacheldomänen (Abbildung 2.21 a) aufgelöst werden.

Abbildung 2.21 zeigt das Verhalten der Domänenwand beim Passieren eines Einschlusses. Bei Anlegen des äußeren Feldes bildet sich zunächst vom Ausgangszustand (a) aus rechts vom Einschluss eine neue Domäne (b). Bei weiterem Anstieg des Feldes wächst diese zunächst zusammen mit den um 90° verdrehten Stacheldomänen (c). Aufgrund der steigenden Wandenergie wachsen diese nicht unendlich. Zu einem bestimmten Zeitpunkt springen sie zurück und die neu gebildete Domäne verbindet sich mit der wachsenden Domäne links vom Einschluss (d). Dieser Sprung wird als Barkhausen-Sprung bezeichnet [67].

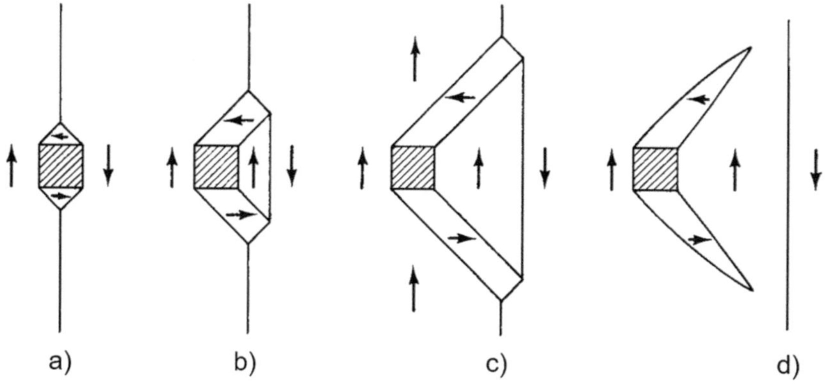

Abbildung 2.21 Verhalten der Domänenwand beim Passieren eines Einschlusses [67]

Eine weitere Behinderung der Domänenwandbewegung wird durch die Magnetostriktion erzeugt. Diese beschreibt eine Längenänderung eines ferromagnetischen Bauteils aufgrund der Ausrichtung der magnetischen Dipole in einem magnetischen Feld. In Abbildung 2.22 ist dies schematisch dargestellt. Bei einer positiven Magnetostriktion kommt es bei der Ausrichtung der Dipole zu einer Verlängerung und bei negativer Magnetostriktion zu einer Verkürzung des Bauteils.

Während die tatsächlich auftretenden magnetisch induzierten Spannungen vernachlässigbar klein sind, ermöglicht der inverse magnetostriktive Effekt aufgrund der Beeinflussung der relativen Permeabilität μ_r die Bestimmung des Spannungszustands des ferromagnetischen Bauteils [67,81,82].

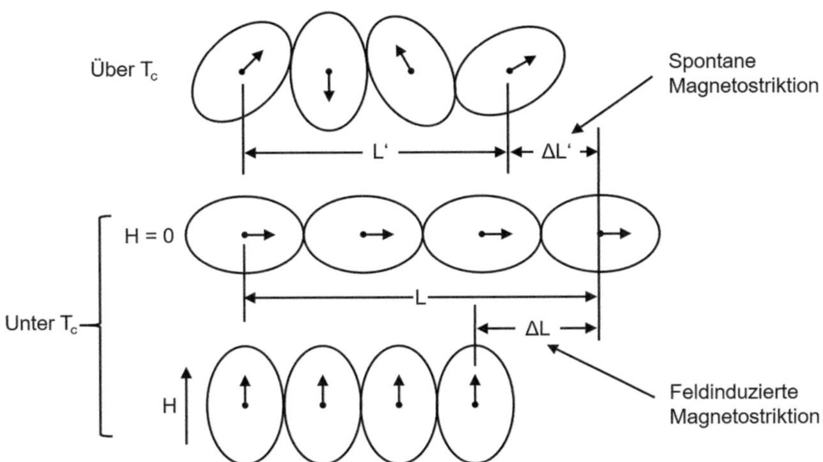

Abbildung 2.22 Mechanismen der Magnetostriktion (schematisch) nach [67]

Die Bewegung der Domänenwand lässt sich also in einen reversiblen und einen nicht-reversiblen Teil aufteilen. Abbildung 2.23 zeigt eine energetische Betrachtung der Domänenwandbewegung. Die Abszisse zeigt die Position der Domänenwand und die Ordinate die zugehörige Energie. Die Positionen (1) und (4) beschreiben die niederenergetischen Positionen der Domänenwand an einem Einschluss. Wird nun ein externes magnetisches Feld aufgebracht, so steigt die Energie von Position (1) bis (2) an. Beim Überschreiten des Schwellwerts der Energie kommt es zu einem Sprung auf Position (3), einem Barkhausensprung. Wird die externe Anregung wieder entfernt, so kehrt die Domänenwand lediglich auf Position (4) und nicht in die Ausgangsposition (1) zurück. Somit verbleibt eine höhere Energie im System zurück, welche als Remanenz schon aus der Betrachtung der magnetischen Hysterese bekannt ist. Erst ein entgegengerichtetes magnetisches Feld, welches die Domänenwand zunächst reversibel von Position (4) auf (5) verschiebt und zu einem Barkhausensprung auf (6) anregt, kann den ursprünglichen energetischen Zustand wiederherstellen [67].

Abbildung 2.23
Reversible und irreversible
Domänenwandbewegungen
nach [67]

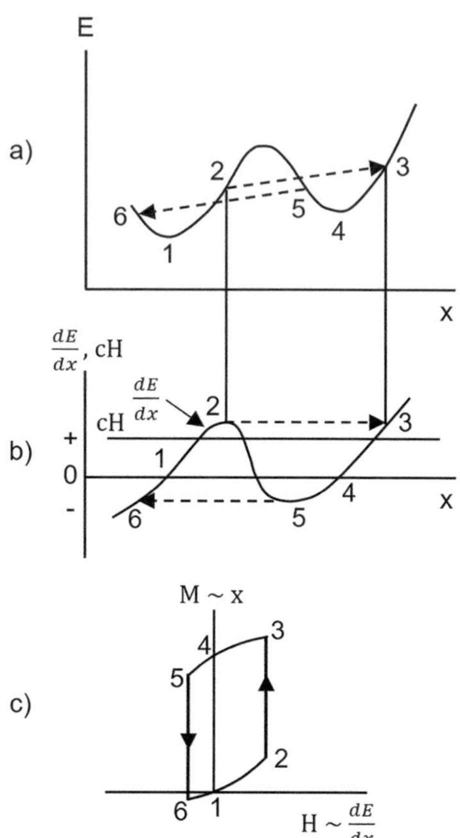

Die Form der magnetischen Hysterese reagiert auf verschiedene werkstoffbedingte Eigenschaften. Abbildung 2.24 zeigt exemplarisch den Einfluss der
(magnetischen) Härte sowie der Spannung auf die Form der Hysterese. So führen sowohl steigende Härte, also auch steigende Druckeigenspannungen zu einer
Erhöhung der Koerzitivfeldstärke H_c. Erst die Betrachtung der Remanenz B_r führt
zu einer eindeutigen Unterscheidung der beiden Zustände [83].

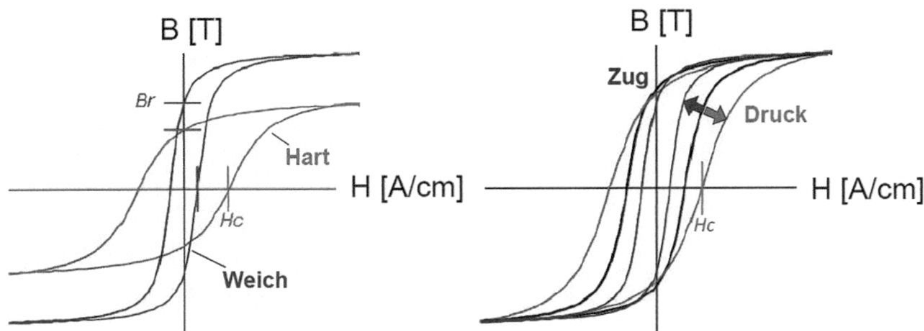

Abbildung 2.24 Magnetische Hysteresekurve; links unter dem Einfluss einer Gefügeänderung, rechts unter dem Einfluss einer Eigenspannungsänderung nach [84]

Wenn die magnetische Hysterese mit einem Bandpassfilter gefiltert und das resultierende Signal verstärkt und gleichgerichtet wird, so entsteht ein charakteristisches Rauschsignal. Die Umhüllende dieses Signals ist die Barkhausenrauschen-Profilkurve M(H) (Abbildung 2.25). Es ist zu erkennen, dass die höchsten Ausschläge des Barkhausenrauschens im Bereich der Koerzitivfeldstärke H_c festzustellen sind. Daher ist die auf dem magnetischen Barkhausenrauschen basierende Koerzitivfeldstärke H_{cm} als die Position des maximalen Barkhausenrauschens auf der H-Achse definiert. Weitere charakteristische, aus M(H) abzuleitende, Kennwerte sind die maximale Höhe der Barkhausenrauschkurve M_{max} sowie die Höhe des Barkhausenrauschens am Remanenzpunkt M_R [85].

Wird auf diese Weise das Beispiel aus Abbildung 2.24 betrachtet, ergeben sich für die Abhängigkeit der Barkhausenrauschen-Kennwerte vom Spannungszustand und der Härte die in Abbildung 2.26 gezeigten Zusammenhänge. Auch hier ist die Uneindeutigkeit einzelner Barkhausenrauschen-Kennwerte zu erkennen. So ist bei einem $M_{max} = 1$ V sowohl eine Druckspannung von -200 MPa, als auch eine Zugspannung von 350 MPa möglich. Erst die Betrachtung der Koerzitivfeldstärke führt zu einer Eindeutigkeit des Messergebnisses [86].

Abbildung 2.25
Schematischer Verlauf der
Barkhausenrauschen-
Profilkurve (unten) mit
daraus abgeleiteten
Prüfgrößen im Vergleich
zur magnetischen
Hysteresekurve (oben) [85]

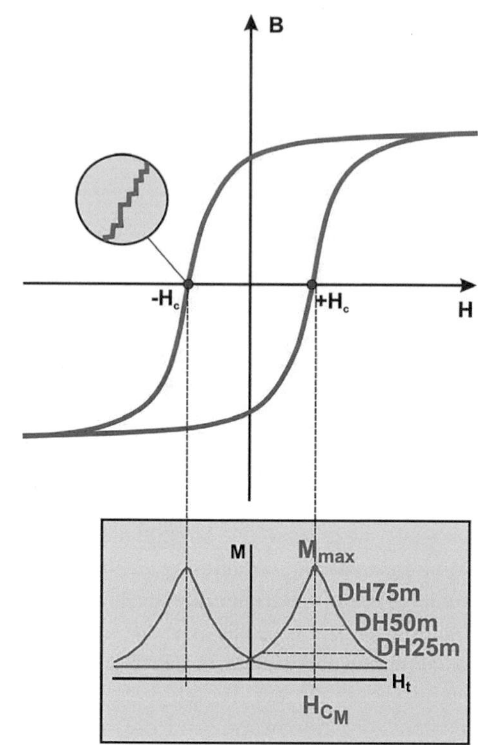

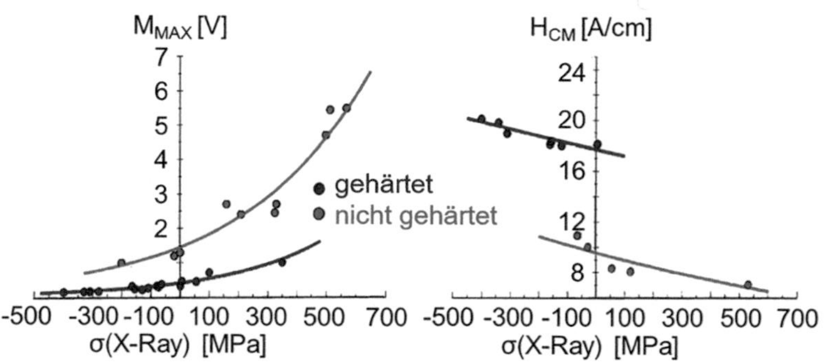

Abbildung 2.26 Änderung der aus dem Barkhausenrauschen abgeleiteten Messgrößen Rauschamplitude M$_{Max}$ und Koerzitivfeldstärke H$_{CM}$ im Falle eines Stahles in einem weichen und einem gehärteten Zustand nach [86]

Äquivalent zu der M(H) Kurve, basierend auf dem H-Feld, lässt sich eine M(Φ) Kurve mit der entsprechenden Koerzitivfeldstärke Φ_{cm} bilden. Die Verknüpfung zwischen H und Φ ist wie folgt abgeleitet:

$$B \cdot A = \Phi$$
$$B = \frac{\Phi}{A} \tag{2.7}$$

$$B \frac{1}{\mu} = H$$
$$B = H \cdot \mu \tag{2.8}$$

$$\frac{\Phi}{A} = H \cdot \mu$$
$$\Phi = H \cdot \mu \cdot A \tag{2.9}$$

A gibt den Leitungsquerschnitt und μ die magnetische Permeabilität an. Dies Umrechnung ist unter der Annahme eines konstanten μ möglich. Dies entspricht allerdings nicht der Realität. So wird die Veränderung der Permeabilität während des Magnetisierungsvorgangs als differentielle Permeabilität bezeichnet und im zerstörungsfreien Prüfverfahren der Überlagerungspermeabilität eingesetzt. Ein signifikanter Einfluss auf die Bewertung des Barkhausenrauschens ist nicht nachweisbar, sodass der Unterschied an dieser Stelle nicht weiter betrachtet werden soll [67,87].

2.5.4 Skin-Effekt

Die Verteilung des elektromagnetischen Felds im zu untersuchenden Bauteil wird in der Regel mit der Eindringtiefe δ beschrieben. Dabei ist δ der Punkt in dem die Wirbelstromdichte auf 1/e, also etwa 37 %, abfällt. Es ist dabei zu beachten, dass es sich dabei nicht um eine scharfe Grenze handelt und somit werden auch Defekte die tiefer im Bauteil liegen mit einer geringen Sensitivität detektiert [88].

Die Eindringtiefe δ ist abhängig von der Magnetisierungsfrequenz f_{mag}, der elektrischen Leitfähigkeit σ_{ele}, sowie der magnetischen Feldkonstanten μ_0 und der relativen Permeabilität μ_r.

$$\delta = \frac{1}{\sqrt{\pi\, f_{mag} \sigma_{ele} \mu_0 \mu_r}} \tag{2.10}$$

Während f_{mag}, σ_{ele} und μ_0 vergleichsweise einfach zu bestimmen sind, ist es nicht möglich die exakte relative Permeabilität μ_r eines Werkstoffs anzugeben, da diese stark vom magnetischen Feld, dem Reinheitsgrad, der Wärmebehandlung und der Verformung abhängig ist [67,89]. Die Permeabilität variiert beim Stahl 42CrMo4+QT, einzig in Abhängigkeit der Flussdichte, zwischen 50 und 600 [90]. So wird zumeist eine initiale Permeabilität μ'_n und eine maximale relative Permeabilität μ'_{max} angegeben. Die Abhängigkeit von μ_r vom magnetischen Feld ist so klar ausgeprägt, dass sie auch als zerstörungsfreies Prüfverfahren genutzt wird [83,91].

Die rechnerische Eindringtiefe sinkt entsprechend mit steigender Prüffrequenz. In Abbildung 2.27 ist der quadratische Zusammenhang der Eindringtiefe δ und der Magnetisierungsfrequenz der beiden ferromagnetischer Werkstoffe und deren angenommener relativen Permeabilität 16MnCr5 ($\mu_r = 200$) und 42CrMo4 ($\mu_r = 500$) dargestellt.

Abbildung 2.27
Abhängigkeit der
Eindringtiefe von der
Magnetisierungsfrequenz
am Beispiel zweier
ferromagnetischer Stähle

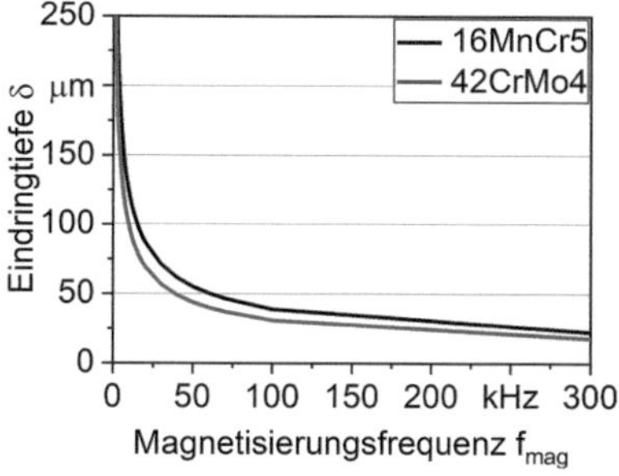

2.5.5 Spannung und Eigenspannung

Die Bewertung von Spannungs- und Eigenspannungszuständen mittel Barkhausenrauschen ist ein häufiger Anwendungsfall. So nutzten schon Eichhorn et al. [92] 1980 den magnetischen Parameter M, um den Spannungsabbau an einer Schweißnaht in einem vergüteten Sonderbaustahl qualitativ zu bewerten. Sie beobachteten einen Anstieg von M mit dem Anstieg der Eigenspannungen. Auch Yelbay et al. [93] nutzten das Barkhausenrauschen für die Untersuchung von Oberflächenspannungen an Schweißnähten. Auch sie stellten den Anstieg des

Parameters mit steigender Spannung fest, unterstrichen dabei aber die Notwendigkeit der Kalibration für jede Gefügestruktur. Vergleichbare Ergebnisse zeigten Vourna et al. an unterschiedlich geschweißten Elektroblechen [94].

Lindgren et al. [95] wiesen einen Zusammenhang zwischen dem quadratischen Mittel (engl. RMS) und dem Spannungszustand am Beispiel von S235JRG2 nach. Dabei zeigten sie auch einen Einfluss einer Vorverformung auf die gemessenen MBR-Werte.

Schneider et al. [86] und Altpeter et al. [84,87] zeigten einen Anstieg der maximalen Barkhausenrauschen-Amplitude M_{max} und einen Abfall der Koerzitivfeldstärke mit steigenden Eigenspannungen.

Sorsa et al. [96] nutzen ein mathematisches Modell zur quantitativen Bestimmung der Eigenspannungen an 18CrNiMo7–6. Dabei nutzen sie einen dreistufigen Ansatz, zunächst wurde aus dem Barkhausenrauschen-Signal mittels mathematischer Operationen Merkmale generiert, die dann im zweiten Schritt selektiert und im dritten Schritt zu einer Korrelationsfunktion zusammengefügt wurden.

Blaow et al. [97,98] zeigten am Beispiel von Biegeversuchen die Abhängigkeit der Barkhausenrauschen-Profilkurve von einer aufgeprägten Spannung. Dabei erwies sich die Korrelation zwischen MBR-Werten und den Spannungen im Zugbereich einfacher als im Druckbereich. Unter Druckspannungen kommt es zur Bildung einer verzerrten Barkhausenrauschen-Kurve mit einem Doppelpeak. Darüber hinaus konnte gezeigt werden, dass eine Spannung im plastischen Bereich zu einer irreversiblen Veränderung des Barkhausenrauschens führt, welche zumindest in Teilen durch die Bildung von Eigenspannungen erklärt werden kann. Der Doppelpeak wurde weitergehend von Moorthy et al. [99] im Fall von einsatzgehärteten ferritischem Stahl, ebenfalls in Biegeversuchen, untersucht. Dabei wurde gezeigt, dass das Verhalten der beiden Peaks auf Druck- und Zugseite der Probe unterschiedlich ist und dass die unterschiedlichen Eigenspannungsänderungen an der Oberfläche und dem oberflächennahen Bereich von einsatzgehärteten Proben durch den Doppelpeak identifiziert werden können.

2.5.6 Mikrostruktur

Wichtige Punkte der Bewertung der Mikrostruktur eines Bauteils sind die Bestimmung der Anzahl an Einschlüssen und Korngröße. Schon 1974 zeigten Adler et al. [100] eine Korrelation zwischen der Korngröße und der Koerzitivfeldstärke. Diese beschrieben sie mit der folgenden empirischen Formel:

$$H_c = H_{co} + H_{ci} + H_{cK}$$

$$H_{c0} = 8\,\frac{mA}{cm}$$

$$H_{ci} = 28\,\frac{mA}{cm}\,N_F \cdot 10^{-6} cm^2 \tag{2.11}$$

$$H_c = 0,29\,\frac{mA}{d_K}$$

Allerdings ist klar zu sehen, dass sich der Einfluss der Einschlüsse mit dem Einfluss der Korngröße überlagert und so keine klare Differenzierung der beiden Aspekte möglich ist.

Pal'a et al. [101] zeigten einen linearen Zusammenhang zwischen der Korngröße und dem quadratischen Mittelwert (RMS) des Barkhausenrauschens. Dabei beschrieben sie zwei gegenläufige Effekte. Einerseits das Wachstum der mittleren Korrelationsdomänen, welches das Barkhausenrauschen-Signal mit steigender Korngröße wachsen lässt, wie es auch Tiito [102] zeigte und andererseits die wachsende Anzahl an Domänen, welche das Barkhausenrauschen-Signal mit sinkender Korngröße abfallen lässt. Diese Effekte ließen sich durch die Verwendung des RMS-Werts, einem Hochpass-Filter und der Selektion des positiven Teils der Magnetisierungskurve separieren. Durch die so durchgeführten Messungen ist das Barkhausenrauschen-Signal von der Anzahl der Domänen dominiert und fällt mit der steigenden Korngröße monoton ab. Ktena et al. [103] lieferten vergleichbare Ergebnisse, wenngleich die Unstetigkeit der Abhängigkeit bei geringen Korndurchmessern, aufgrund der wachsenden mittleren Korrelationsdomänen, nicht festgestellt werden konnte. In Arbeiten von Moorthy et al. [104] wurde gezeigt, dass die Lanzetten-/Korngröße von unterschiedlich wärmebehandelten ferritischen Stählen bestimmt werden kann. Vashista et al. [105] nutzten einen Zweifrequenzansatz zur Bestimmung des Kohlenstoffgehalts und der Mikrostrukturausprägung, wobei vor allem der Doppelpeak im niederfrequenten Bereich hilfreich war.

Auch die Gefügezusammensetzung lässt sich mit Hilfe des Barkhausenrauschens bestimmen. So zeigten Saquet et al. [106] einen klaren Einfluss der Phasenanteile, in diesem Fall Martensit sowie Perlit, auf das Barkhausenrauschen. Weiterhin beobachteten sie auch, dass sich bei mehrphasigen Gefügen die Spuren jedes Gefügebestandteils in Form von Doppelpeaks im Barkhausenrauschen widerspiegelt. Dies zeigten auch verschiedene Untersuchungen an ferritisch-perlitischen Strukturen [107], sowie an unlegierten Stählen mit globularem Zementit [108]. Jayakumar et al. [109] beschrieben die mikromagnetische

Bestimmung des α'-Martensit Gehalts. Die mikromagnetische Bewertung der Martensitumwandlung wurde von Haušild [110] durchgeführt. Hier zeigte sich eine Erhöhung des Rauschsignals mit Ansteigen des Martensitgehalts.

Kikuchi et al. [111] verknüpften die Höhe des MBR-Peaks mit dem Anstieg an Fehlstellen, welche die Versetzungsbewegung behindern und die Koerzitivfeldstärke mit der Anzahl an Versetzungen. Kleber et al. [112] zeigten am Beispiel von Reineisen und einem kohlenstoffarmen Stahl, dass diese Interpretationen nicht unabhängig von der Zusammensetzung zu betrachten ist.

Strodick et al. [113] stellten fest, dass die Schädigung der Oberfläche durch White Etching Layer mit einem Absinken der maximalen Barkhausenrauschen-Amplitude einhergeht, jedoch die Charakteristik des Barkhausenrauschen so dominiert, dass andere Rückschlüsse nur noch schwer gezogen werden können. Stupakov et al. [114] detektierten bei der Bildung des WEL einen zweiten Barkhausenrauschen-Peak.

2.5.7 Härte

Eine Korrelation des Barkhausenrauschens mit der Härte wurde von mehreren Forschungsgruppen anhand von Stirnabschreckproben nachgewiesen. So zeigte Franco et al. [115] lineare Zusammenhänge zwischen der Härte und dem Barkhausenrauschen. Die Peakhöhe und das quadratische Mittel des Barkhausenrauschens fallen bei steigender Härte, während die Peakposition mit steigender Härte wächst. Santa-aho et al. [116] bestätigten den Trend der mit der Härte steigenden Peakposition, wiesen jedoch auf die Einflüsse durch Eigenspannungen und mikrostrukturelle Veränderungen hin. Roskosz et al. [117] beschrieben die Abhängigkeit der Anzahl der Barkhausensprünge mit der Härte, dabei wurden die verschiedenen Härtezustände mit unterschiedlichen Härtemethoden eingestellt. Eine Differenzierung verschiedener Härteverfahren zeigten Blaow et al. [118]. Bei dem Vergleich von induktionsgehärteten Proben mit durch Aufkohlung randschichtgehärteten Proben zeigte sich bei den randschichtgehärteten Proben ein Doppelpeak in der MBR-Kurve. Einer der Peaks wurde durch elektrolytisches Abtragen der Probenoberfläche verringert, während der andere anstieg. So konnten die Peaks der Randschicht und dem Grundgefüge zugeordnet werden.

2.5.8 Schädigung und Ermüdung

Oftmals findet das Barkhausenrauschen Anwendung bei der Bewertung von Schädigungen. Zumeist liegen der Schädigung verschiedene Effekte zu Grunde wie bspw. Mikrostrukturveränderungen, Veränderungen des Spannungszustands und die Veränderung der Härte. Shaw et al. [119] zeigten eine unter industriellen Bedingungen robuste Detektierbarkeit von Schleifbrand mittels MBR. Mit der Bewertung von Schleifbrand hat sich seit dem eine Vielzahl von Forschungsarbeiten befasst [120–123].

Knyazeva et al. [124] und Tenkamp et al. [125,126] befassten sich mit der Bewertung der Schädigung von Getrieben durch Verschleiß. Sie zeigten eine Korrelation der mikromagnetischen Kennwerte mit der Getriebeverschleißkenngröße Profilabweichung.

Schreiber et al. [127–129] entwickelten einen Ansatz zur Bewertung der Schädigung von Industriekomponenten unter Verwendung der fraktalen Dimension des Barkhausenrauschens. Dieses Verfahren nutzten Holweger et al. [130] zur Untersuchung des Auftretens von White Etching Cracks in Windenergieanlagen.

Dobmann et al. [131] zeigten, dass die mikromagnetischen Kennwerte zwar keine hohe Sensitivität für die Detektion von Kriechporen aufweisen, sie jedoch für die durch den Kriechvorgang entstehenden, mikrostrukturellen Veränderungen empfindlich sind.

Teschke et al. [132] und Samfaß et al. [133,134] bewerteten den Schädigungszustand von unterschiedlichen massivumgeformten Materialien im Ausgangszustand sowie die Schädigung in uniaxialen Ermüdungsversuchen und in Biegeversuchen. Dabei lag ein Augenmerk auf der Bewertung der verformungsinduzierten Poren.

2.6 Kristallographische Untersuchungen

Für die Bestimmung von Eigenschaften kristalliner Festkörper sind Beugungsuntersuchungen etablierte Verfahren. So können durch die Vermessung von Beugungsreflexen die Netzebenenabstände der Werkstoffe und damit ihre Gitterstrukturen und deren Veränderungen bestimmt werden.

2.6.1 Röntgendiffraktometrie

Conrad Wilhelm Röntgen hat durch die Entdeckung der „X-Strahlen" 1895 die Möglichkeiten der Medizin und Technik revolutioniert. So können durch diese Strahlen erstmals optisch undurchdringliche Materialien auch in ihrem Inneren charakterisiert werden [28].

Erzeugung von Röntgenstrahlung
Die Erzeugung von Röntgenstrahlung erfolgt in einer evakuierten Röhre, in der mittels einer beheizten Kathode Elektronen freigesetzt werden. Die Elektronen werden durch eine Hochspannung zur Anode hin beschleunigt. Abbildung 2.28 zeigt den schematischen Aufbau einer solchen Röntgenröhre.

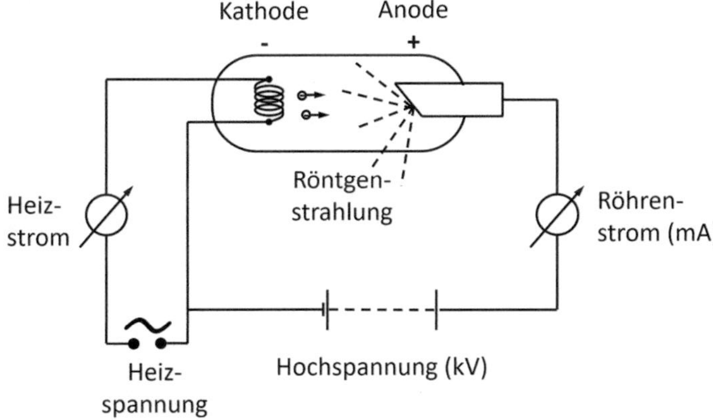

Abbildung 2.28 Prinzipskizze einer Röntgenröhre nach [135] Reproduced with permission from Springer Nature

Der erzeugte Elektronenstrahl wird durch das Anodenmaterial abgebremst und emittiert dadurch die Bremsstrahlung. Darüber hinaus wird das Anodenmaterial ionisiert, d. h. aus einer der inneren Schalen des Atoms werden Elektronen herausgeschlagen und diese diskreten Energieniveaus von freien Elektronen oder Elektronen höherer Schalen besetzt. Bei diesem Vorgang werden die für die Anodenmaterialien und deren Atomschalen charakteristischen Röntgenstrahlen emittiert. Abbildung 2.29 zeigt ein typisches Röntgenspektrum, welches sich aus der Bremsstrahlung als Untergrundstrahlung und der charakteristischen Röntgenstrahlung mit bekannter Wellenlänge λ zusammensetzt.

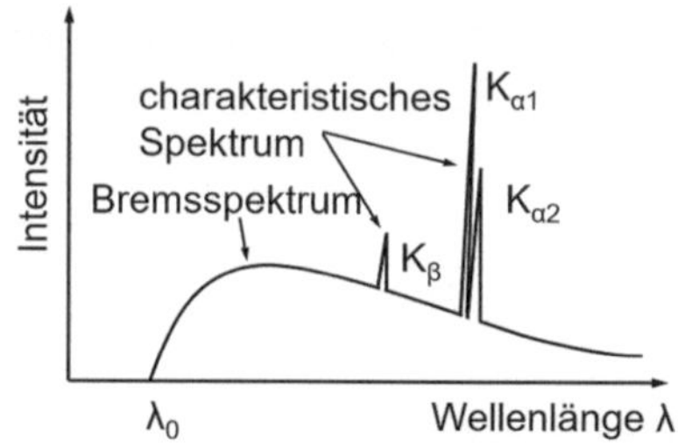

Röntgenographische Spannungsanalyse

Mithilfe dieser Strahlung mit bekannter Wellenlänge λ kann durch die Beugung am Kristallgitter die Gitterkonstante d_{hkl} bestimmt werden. Die Bragg-Gleichung (2.12) beschreibt unter der Annahme einer selektiven Reflexion die geometrische Bedingung für die Röntgenbeugung. Die Probe wird unter einem Winkel θ mit dem Röntgenstrahl bestrahlt. Unter einem Winkel von ebenfalls θ wird ein Röntgendetektor positioniert. Dieser misst die Intensität der am Kristallgitter gebeugten Strahlung. Wenn der Gangunterschied zwischen Teilstrahl 1 und 2 genau λ oder einem seiner Vielfachen entspricht, kommt es zu einer konstruktiven Interferenz und dadurch zu einer steigenden Intensität der gemessenen Röntgenstrahlung. Der so gefundene Winkel wird als Bragg- oder Glanzwinkel bezeichnet.

$$2 \cdot d_{hkl} \cdot sin\theta_{hkl} = n \cdot \lambda \tag{2.12}$$

Durch diese einfache geometrische Überlegung (Abbildung 2.30) kann nun der Netzebenenabstand d_{hkl} berechnet werden.

Wenn sich nun durch eine Last, wie bspw. Eigenspannungen, das Kristallgitter und damit der Netzebenenabstand d_{hkl} vom Netzebenenabstand des unverspannten Gitters d_0 zu d ändert, verändert sich gemäß den zuvor beschriebenen geometrischen Betrachtungen auch der Glanzwinkel θ (Abbildung 2.31).

Abbildung 2.30 Beugung
von Röntgenstrahlen an
Netzebenen nach [28]
Reproduced with
permission from Springer
Nature

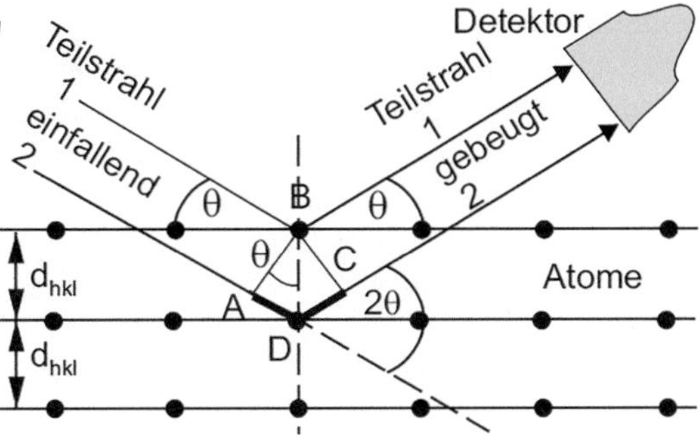

Abbildung 2.31 Einfluss
des Netzebenenabstands auf
den Glanzwinkel nach [28]
Reproduced with
permission from Springer
Nature

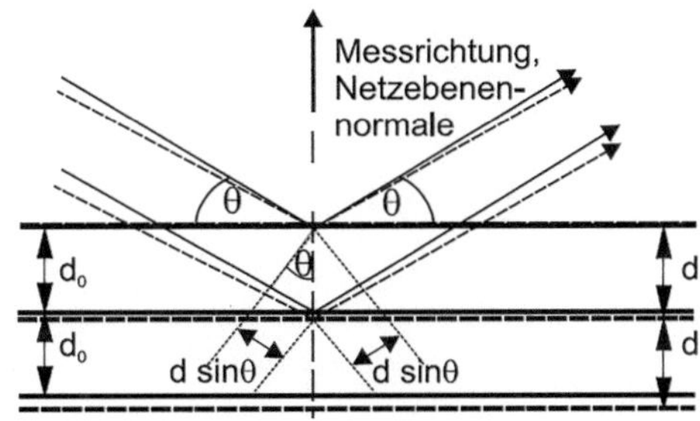

Die Gitterdehnung in Normalenrichtung ergibt sich in aus der Verschiebung der
Netzebenenabstände wie folgt:

$$\varepsilon(\varphi, \psi) = \frac{d(\varphi, \psi) - d_0}{d_0} \qquad (2.13)$$

Unter Einsatz der Bragg-Gleichung (2.12) ergibt sich folgender Zusammenhang
zwischen dem doppelten Bragg-Winkel 2θ und der Gitterdehnung $\varepsilon(\varphi,\Psi)$

$$\varepsilon(\varphi, \psi) = \frac{1}{2} \cot \theta_0 \, (2\theta - 2\theta_0) \qquad (2.14)$$

Abbildung 2.32 zeigt die Erfüllung der Bragg-Bedingung des divergenten Primärstrahls in der Bragg-Brentano-Anordnung. Bei einem idealen punktförmigen
Primärstrahl würde es lediglich zur Interferenz kommen, wenn sich ein parallel zur Probenoberfläche stehender Kristallit im Mittelpunkt des Röntgenstrahls

befinden würde. Da der reale Strahl allerdings divergent ist, tragen auch Kristallite, die unter einem um $\pm\Delta$ vom Einfallswinkel θ abweichen zur Reflexbildung bei, da diese in einem ebenfalls um $\pm\Delta$ veränderten Winkel reflektiert werden und somit in Summe auch dem Glanzwinkel 2θ entsprechen. Weiterhin findet die Beugung nicht nur wie in Abbildung 2.30 und Abbildung 2.31 suggeriert an den ersten zwei Netzebenen statt, sondern an allen im Bereich der Eindringtiefe des Röntgenstrahls befindlichen Netzebenen. Somit findet die Beugung an einer polykristallinen Probe an einer Vielzahl von Kristalliten statt und es kommt jederzeit zu einer gleichmäßigen Interferenz.

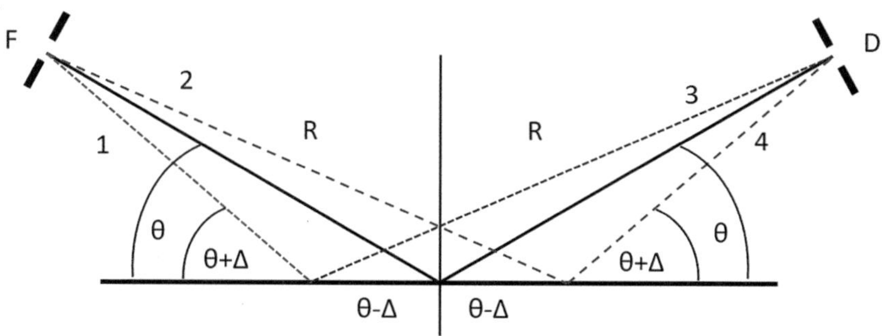

Abbildung 2.32 Strahlengang eines divergenten Primärstrahls als auch Detektorstrahls nach [28] Reproduced with permission from Springer Nature

Diese Überlegungen können nun genutzt werden, um mit unterschiedlichen Versuchsaufbauten und Berechnungsansätzen die Spannung des Bauteils zu bestimmen.

Idealerweise sollen die Eigenspannungen an flachen Proben gemessen werden. Die Eigenspannungsbestimmung an runden Proben ist jedoch mit einem hinreichend kleinen Brennfleckdurchmesser im Vergleich zur Krümmung der Probe ebenfalls möglich. In Umfangsrichtung wird im Allgemeinen von einem maximalen Brennfleckdurchmesser von einem Viertel des Radius der Probe ausgegangen. In axialer Richtung kann aufgrund der Längung des Brennflecks ein Brennfleck mit einem maximalen Durchmesser von der Hälfte des Radius der Probe gewählt werden [136].

In dieser Arbeit finden zwei unterschiedliche Verfahren der röntgendiffraktometrischen Eigenspannungsbestimmung Anwendung.

$\sin^2 \Psi$-Verfahren

Das $\sin^2\Psi$-Verfahren [137] ist das verbreitetste Verfahren zur röntgenographischen Eigenspannungsbestimmung. Hier wird ein Diffraktometer, bspw. als Goniometer, in Bragg-Brentano-Anordnung verwendet. Die Probe wird dabei in der Goniometer Mitte befestigt und mit der halben Winkelgeschwindigkeit des Detektors verfahren. Dabei entspricht der Drehwinkel ω dem Einstrahlwinkel θ. Abbildung 2.33 zeigt die Fokussierkreise zweier unterschiedlicher Beugungswinkel zur Erfüllung der Bragg-Gleichung (2.12).

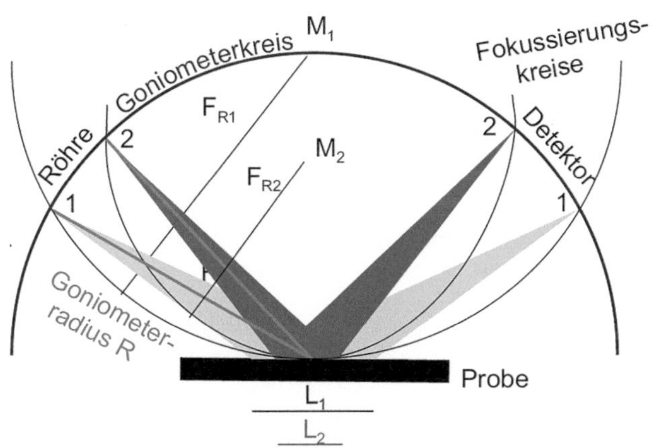

Abbildung 2.33 Ausbildung von zwei Fokussierkreisen bei unterschiedlichen Beugungswinkeln beim Bragg-Brentano-Diffraktometer [28] Reproduced with permission from Springer Nature

Durch diese Verschiebung des Glanzwinkels kann unter Verwendung der Gitterdehnung (2.13) Grundgleichung der röntgenographischen Spannungsanalyse (2.15) die Dehnung in Abhängigkeit der Winkel φ und ψ bestimmt werden.

$$\varepsilon(\varphi, \psi) = s_1(hkl)(\sigma_{11} + \sigma_{22} + \sigma_{33}) + \frac{1}{2}s_2(hkl)\sigma_{33}$$

$$+\frac{1}{2}s_2(hkl)\big[(\sigma_{22} - \sigma_{33})\cos^2\varphi \, \sin^2\psi + (\sigma_{22} - \sigma_{33})\sin^2\varphi \, \sin^2\psi\big]$$

$$+\frac{1}{2}s_2(hkl)\big[(\sigma_{12}\sin^2\varphi \, \sin^2\psi + \sigma_{13}\cos\varphi \, \sin2\psi + \sigma_{23}\sin\varphi \, \sin2\psi\big]$$

$$(2.15)$$

Die röntgenographischen Elastizitätskonstanten (REK) $s_1(hkl)$ und $\frac{1}{2}s_2(hkl)$ beschreiben das linear-elastische Verhalten des Werkstoffs auf Basis der Poisson- bzw. Querkontraktionszahl υ und dem Elastizitätsmodul E und sind wie folgt definiert:

$$\frac{-\upsilon}{E} = s_1(hkl) \tag{2.16}$$

$$\frac{1+\upsilon}{E} = \frac{1}{2}s_2(hkl) \tag{2.17}$$

Unter der Annahme eines zweiachsigen, oberflächenparallelen Spannungszustands, der an freien Oberflächen und aufgrund der geringen Eindringtiefe stets erfüllt ist, ergibt sich für $\sigma_{33} = 0$. Daraus resultiert sich eine oberflächenparallele Normalspannung σ_φ:

$$\varepsilon(\varphi, \psi) = s_1(\mathrm{hkl})(\sigma_{11} + \sigma_{22}) + \frac{1}{2}s_2(\mathrm{hkl})\sigma_\varphi\sin^2\psi \tag{2.18}$$

Mit:

$$\sigma_\varphi = \sigma_{11}\cos^2\varphi + \sigma_{12}\sin(2\varphi) + \sigma_{12}\sin^2\varphi \tag{2.19}$$

Demnach liegt für jeden Azimut φ ein linearer Zusammenhang zwischen $\varepsilon(\varphi,\Psi)$ und $\sin^2\Psi$ vor. Zur Messung der Spannungen ist nun eine Variation des Einstrahlwinkels Ψ auf die Probe notwendig. Werden bei konstantem φ Winkel die Gitterdehnungen $\varepsilon(\varphi,\Psi)$ über $\sin^2\Psi$ aufgetragen, ergibt sich die Steigung zu:

$$\frac{\partial\varepsilon(\varphi, \psi)}{\partial\sin^2\psi} = \frac{1}{2}s_2(\mathrm{hkl})\sigma_\varphi \tag{2.20}$$

Und der Schnittpunkt der Ordinate zu

$$\varepsilon(\varphi, \psi = 0) = s_1(\mathrm{hkl})(\sigma_{11} + \sigma_{22}) \tag{2.21}$$

In Abbildung 2.34 ist dieser Zusammenhang veranschaulicht.

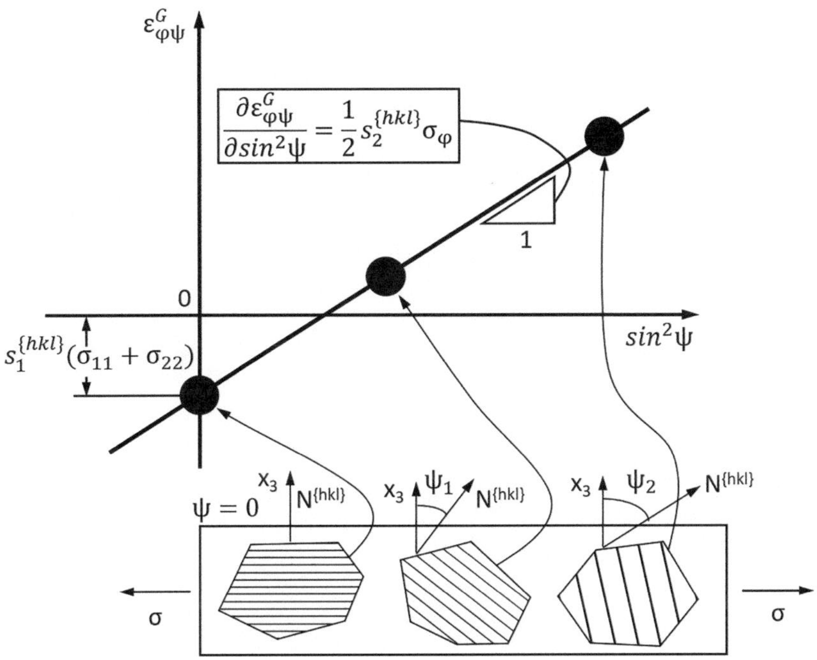

Abbildung 2.34   Spannungsermittlung nach dem $sin^2\psi$-Verfahren (schematisch) nach [26]

Die zur Spannungsbestimmung benötigte Variation des Winkels Ψ wird mithilfe von Goniometern erreicht. Abbildung 2.35 zeigt ein Vierkreis-Goniometer mit Euler-Wiege und die damit variierbaren Winkel. Es gibt zwei Möglichkeiten Ψ zu orientieren. Die erste Möglichkeit ist der ω-Modus, auch Iso-Inclination-Methode, hier wird die Probe in ω-Richtung, also entlang des Strahlengangs verkippt. In diesem Fall liegt die Richtung der Hauptspannung σ_{11} entlang der Ebene des Röntgenstrahls. Die zweite Möglichkeit ist die Verkippung im χ-Modus, auch Side-Inklination-Methode. Hier wird die Probe mithilfe einer Euler-Wiege um den Winkel χ quer zur Strahlebene verkippt. Die Hauptspannung σ_{11} liegt bei dieser Methode in der Ebene senkrecht zum Strahlengang.

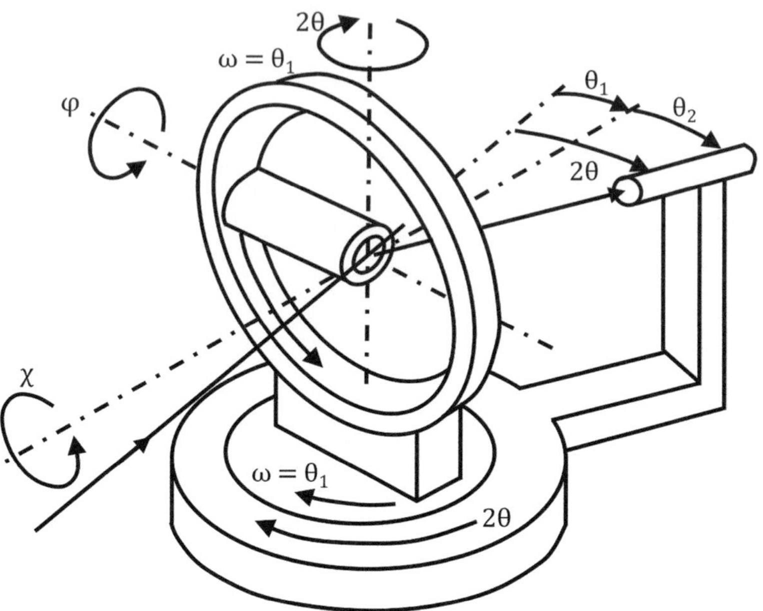

Abbildung 2.35 Vierkreis-Goniometer mit Euler-Wiege und den Drehkreisen $\omega = \theta_1$ $2\theta = \theta_1 + \theta_2$, χ und φ nach [28] Reproduced with permission from Springer Nature

cosα-Methode

Ein vergleichsweise neuer Ansatz zur Bestimmung der Eigenspannungen ist die cosα-Methode. Diese geht auf Taira et al. [138,139] zurück. Hier wird im Vergleich zur $\sin^2\psi$ Methode, bei der entweder 0- oder 1-dimensionale Sensoren zum Einsatz kommen, der vollständige Beugungs- oder Debye-Scherrer-Ring mit Hilfe eines zweidimensionalen Detektors aufgenommen. Dadurch, dass keine Variation der Winkel während der Messung erfolgen müssen, ergeben sich wesentliche Vereinfachungen in der Probenpositionierung einhergehend mit signifikanten Verringerungen der Messzeiten. Abbildung 2.36 zeigt schematisch den Aufbau des cosα-Diffraktometers sowie die entscheidenden Winkelbeziehungen.

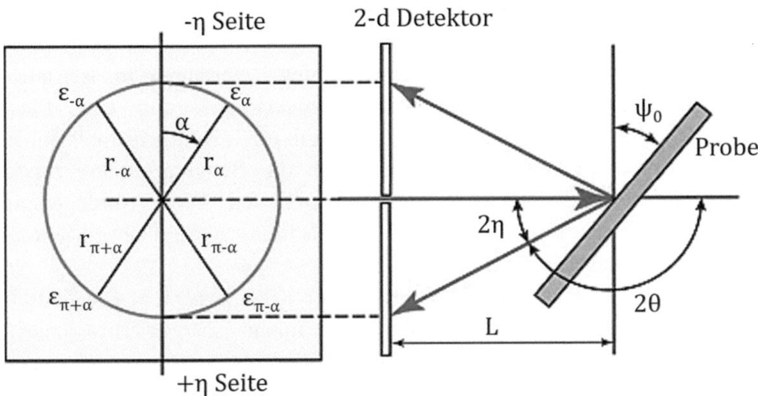

Abbildung 2.36 Spannungsmessung eines Debye-Scherrer-Rings mit der cosα-Methode nach [140]

Die Bestimmung der Spannung erfolgt hier nicht durch eine Variation des Einstrahlwinkels Ψ, denn dieser wird konstant gehalten, sondern durch die Integration über den Winkel α. Die Berechnung der Spannung in x-Richtung erfolgt gemäß 2.22 in y-Richtung gemäß 2.23. Dabei ist η der Komplementärwinkel zum Bragg-Winkel 2θ [138,140,141].

$$\sigma_x = -\frac{E}{1+\nu} \frac{1}{sin2\eta} \frac{1}{sin2\psi_0} \left(\frac{\delta a_1(\varphi_0 = 0°)}{\delta \cos\alpha} \right) \qquad (2.22)$$

$$\sigma_y = \frac{E}{2(1+\nu)} \frac{1}{sin2\eta} \frac{1}{sin\psi_0} \left(\frac{\delta a_1(\varphi_0 = 0°)}{\delta \sin\alpha} \right) \qquad (2.23)$$

Ein weiterer Vorteil dieser Methode liegt darin, dass durch die Detektion des vollständigen Debye-Scherrer-Rings eine direkte Bewertung der Textur, sowie der Korngröße erfolgen kann. So zeigen sich bei texturierten oder einkristallinen Werkstoffen unvollständige Debye-Scherrer-Ringe [28,142]

Eine Vergleichbarkeit der $sin^2\Psi$- und der cosα-Methode wurde bereits in mehreren Arbeiten nachgewiesen [141–144].

2.6.2   Elektronenrückstreubeugung (EBSD)

Ein weiteres in der Werkstofftechnik verbreitetes Verfahren für kristallographische Charakterisierung ist die Elektronenrückstreubeugung, engl. Electron BackScatter Diffraction (EBSD). Hier wird anstatt eines Röntgenstrahls ein Elektronenstrahl an der Probe gebeugt und durch die Beugungseffekte entstehen charakteristische Beugungsmuster, die Kikuchi-Linien. Diese wurde erstmalig 1928 von Nishikawa und Kikuchi nach Beobachtungen im Transmissionselektronenmikroskop beschrieben [145,146].

Abbildung 2.37 a) zeigt die Entstehung der Kikuchi-Linien. Die eintreffenden Elektronen werden in einem Punkt mit geringem Energieverlust inelastisch gestreut. Dieser wirkt wie eine Punktquelle. Erfüllt eine Netzebenenschar nun die Bragg-Gleichung (2.12), wobei λ hier nicht für die Wellenlänge des Röntgen-, sondern des Elektronenstrahls steht, so werden die in Strahlrichtung ausgehenden Elektronen an der „Vorderseite" der Netzebenenschar reflektiert (A-B). Gleichzeitig erfüllt die „Rückseite" der Netzebenenschar die Bragg-Bedingung, so dass es auch hier zu einer Reflexion in Richtung C-D kommt. Da C parallel zu A-B ist kommt es in Richtung B zu einer Helligkeitszunahme und in Richtung D zu einer Helligkeitsabnahme [28,147,148].

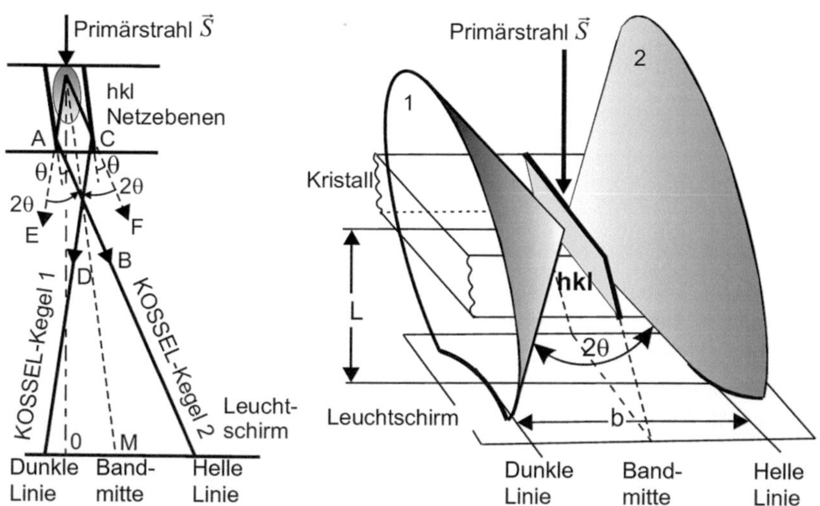

Abbildung 2.37 Entstehung von Kossel-Kegeln und Kikuchi-Linien [28] Reproduced with permission from Springer Nature

Die Bragg-Gleichung ist nun auf zwei Kegelmänteln, den Kossel-Kegeln, mit den Öffnungswinkeln 90°-θ bzw. 90°+θ erfüllt (Abbildung 2.37 b), diese Kegel stehen senkrecht auf der Netzebenennormalen. Aufgrund der im Vergleich zum Netzebenenabstand sehr kleinen Wellenlänge, ergibt ein Schnitt der Kegelmäntel mit einem Detektor zwei näherungsweise parallele Graden in einem Abstand b, der abhängig vom Bragg-Winkel θ ist. Die Mittellinie zwischen der hellen und der dunklen Linie ist die Verlängerung der Netzebene, an welcher die Beugung stattgefunden hat.

In Abbildung 2.38 ist der Aufbau der EBSD-Untersuchung dargestellt. Der Elektronenstrahl trifft auf die um 70° gekippte Probe. Die emittierten Kossel-Kegel werden von der EBSD-Kamera geschnitten und so die charakteristischen Kikuchi-Linien detektiert. Diese sind zur Veranschaulichung in der Abbildung dargestellt.

Abbildung 2.38
Schematische Darstellung
des Aufbaus für
EBSD-Untersuchungen im
Rasterelektronenmikroskop

Die Indizierung der charakteristischen Beugungsmuster erfolgt vollautomatisiert über eine Computersoftware. Dabei erfolgt die Auswertung nicht am realen Kamerabild, sondern nach einer Radon- bzw. ihrem Sonderfall, der Hough-Transformation. Diese Transformation erlaubt eine einfachere Bestimmung der Lage, Intensität und Breite der Kikuchi-Bänder. Nun werden die Beugungsdiagramme jedes einzelnen Punkts der Gitterstruktur und Kristallorientierung zugeordnet.

In diesem Kapitel werden die untersuchten Werkstoffchargen des Vergütungs-stahls 42CrMo4+QT, einschließlich ihrer chemischen Zusammensetzung, mechanischen Eigenschaften, der Verteilung der Einschlüsse sowie ihrer Mikrostruktur in lichtmikroskopischen und EBSD Aufnahmen dargestellt. Weiterhin wird der am Lehrstuhl für Spanende Fertigung durchgeführten Tiefbohrprozess unter Berücksichtigung der Variation der Bohrparameter und Kühlschmierstoffe, im Hinblick auf die daraus resultierenden Prozesskräfte und -temperaturen darge-stellt.

3.1 Werkstoff

Es wurden zwei Schmelzen des Vergütungsstahls 42CrMo4+QT (AISI 4140, DIN 1.7225) untersucht, die sich nur in ihren Schwefelgehalten signifikant unterschei-den. Diese werden entsprechend ihres Schwefelgehaltes nachfolgend S110 und S190 genannt. Die mittels optischer Emissionsspektroskopie ermittelte chemische Zusammensetzung ist Tabelle 3.1 zu entnehmen.

Inhalte dieses Kapitels basieren zum Teil auf Vorveröffentlichungen [149,150].

© Der/die Autor(en), exklusiv lizenziert an Springer Fachmedien Wiesbaden GmbH, ein Teil von Springer Nature 2023
N. Baak, *Mikromagnetische Charakterisierung des Ermüdungsverhaltens und der Eigenspannungsrelaxation tiefgebohrter Proben des Vergütungsstahls 42CrMo4*, Werkstofftechnische Berichte | Reports of Materials Science and Engineering, https://doi.org/10.1007/978-3-658-41679-9_3

Tabelle 3.1 Chemische Zusammensetzungen der untersuchten Chargen des Vergütungsstahls 42CrMo4+QT [149,150]

	C	Si	Mn	P	S	Cr	Mo	Fe
S110	0,41	0,18	0,85	0,011	0,011	1,01	0,18	Bal.
S190	0,43	0,24	0,81	0,006	0,019	1,15	0,27	Bal.

Beide Werkstoffe wurden mittels Strangguss hergestellt und lagen in Stabform vor, S110 mit dem Durchmesser 50 mm und S190 mit dem Durchmesser 55 mm. Beide Werkstoffe wurden gewalzt, vergütet und gerichtet. Die Streckgrenzen liegen bei $R_{p,0,2}$ = 848 MPa (S110) und $R_{p,0,2}$ = 832 MPa (S190), die Zugfestigkeit bei R_m = 965 MPa (S110) und R_m = 941 MPa (S190). Die Härte von S110 beträgt 310 HV10 und die von S190 299 HV10. Die mechanischen Kennwerte der beiden Schmelzen können als vergleichbar angenommen werden.

In Abbildung 3.1 sind polierte Längs- und Querschliffe der Ausgangswerkstoffe gezeigt. Beide weisen Einschlüsse in Form von Mangansulfiden auf. Im Querschliff sind diese punktförmig und im Längsschliff in gestreckter Form ausgeprägt. Die Größe und Verteilung der Einschlüsse sind vergleichbar.

Geätzte Längs- und Querschliffe sind in Abbildung 3.2 dargestellt. Beide Werkstoffe weisen ein Vergütungsgefüge vergleichbarer Ausprägung auf. Im Bereich um die Mangansulfide kommt es zu leichten Seigerungen. Diese sind vor allem in den Längsschliffen (Abbildung 3.2 b) und d)) festzustellen.

Aufgrund der Vergleichbarkeit der mechanischen Kennwerte und der mikrostrukturellen Ausprägung werden im Folgenden beide Werkstoffe als äquivalent betrachtet.

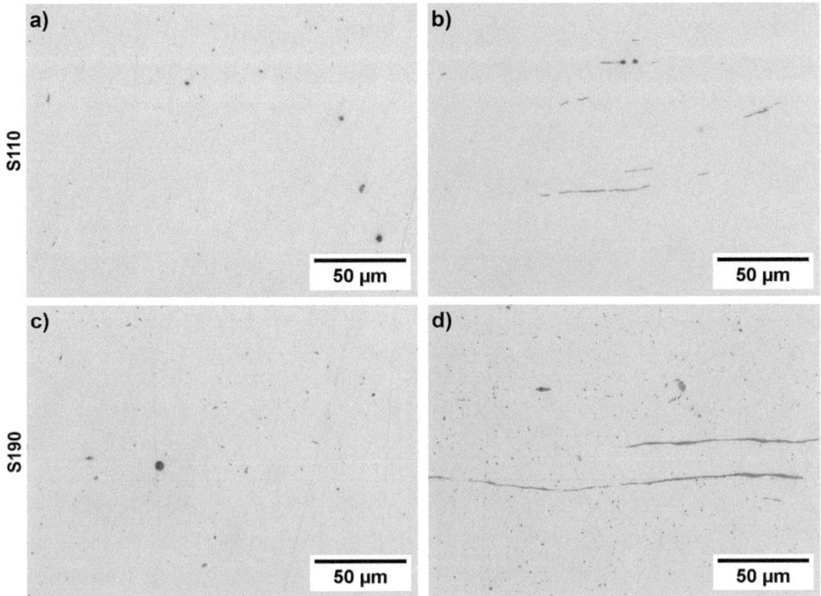

Abbildung 3.1 Lichtmikroskopische Aufnahmen polierter Proben der zwei Chargen von 42CrMo4+QT; a) S110 Querschliff, b) S110 Längsschliff, c) S190 Querschliff, d) S190 Längsschliff

In Abbildung 3.3 ist die inverse Polfigur des Elektronenrückstreubeugungsbildes eines Querschliffs S190 zu sehen. Der ermittelte mittlere Korngröße beträgt $A_K = 5{,}37\ \mu m^2$ und der mittlere Missorientierungswinkel $\theta_K = 32{,}39°$.

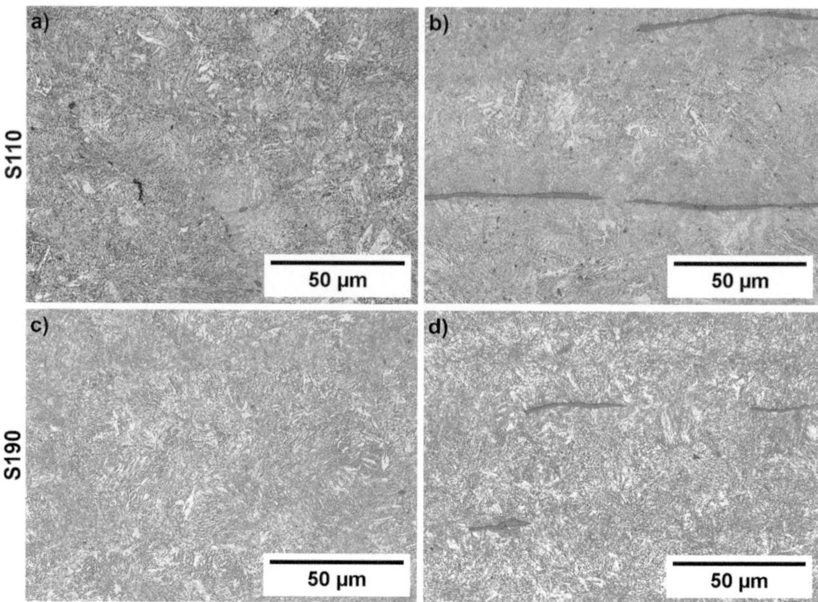

Abbildung 3.2 Lichtmikroskopische Aufnahmen geätzter Proben der zwei untersuchten Chargen 42CrMo4+QT; a) S110 Querschliff, b) S110 Längsschliff, c) S190 Querschliff, d) S190 Längsschliff

Im Längsschliff konnte durch die Elektronenrückstreuaufnahmen (Abbildung 3.4) eine geringere mittlerer Korngröße von $A_K = 3{,}86\ \mu m^2$ bestimmt werden. Der durchschnittliche Missorientierungswinkel ist leicht erhöht und beträgt $\theta_K = 33{,}47°$.

Abbildung 3.3 EBSD-Aufnahme am Querschliff des Ausgangszustands von S190 [149]

3.2 Fertigungsprozess

Die Tiefbohrversuche wurden im Rahmen des Forschungsprojekts mit dem Institut für Spanende Fertigung (ISF) der TU Dortmund durchgeführt. Weitergehende Informationen zu diesen Untersuchungen können der Dissertation von Jan Nickel, sowie gemeinsamen Publikationen entnommen werden.

Abbildung 3.4 EBSD-Aufnahme am Längsschliff des Ausgangszustands von S190

3.2.1 Probenherstellung

Um eine möglichst gleichbleibende Probenqualität zu erhalten und um Einflüsse aus dem Herstellungsprozess des Ausgangmaterials zu minimieren, wurden alle Bohrungen mittig in das zuvor abgelängte Ausgangsmaterial eingebracht. Verwendung fanden TiN-beschichtete Vollhartmetall-Einlippentiefbohrwerkzeuge vom Typ 113-HP der Fa. botek Präzisionsbohrtechnik GmbH. Um eine maximale mechanische Beeinflussung der Bohrungsrandzone zu erreichen, wurde ein Sonderanschliff mit bogenförmiger Außenschneide gewählt. Da bei diesem Anschliff lediglich vernachlässigbare Passivkräfte an der Innenschneide $F_{p,i}$ entstehen, wurden die Normalkräfte F_N auf der Bohrungswand maximiert. In Kombination mit der Umfangsform A gemäß VDI 3208 [12], welche verglichen mit anderen Umfangsformen eine geringe Führungsleistenfläche aufweist, wird die Flächenpressung auf die Bohrungswand weiter erhöht. In Abbildung 3.5 sind die wesentlichen Charakteristika der gewählten Bohrwerkzeuge dargestellt.

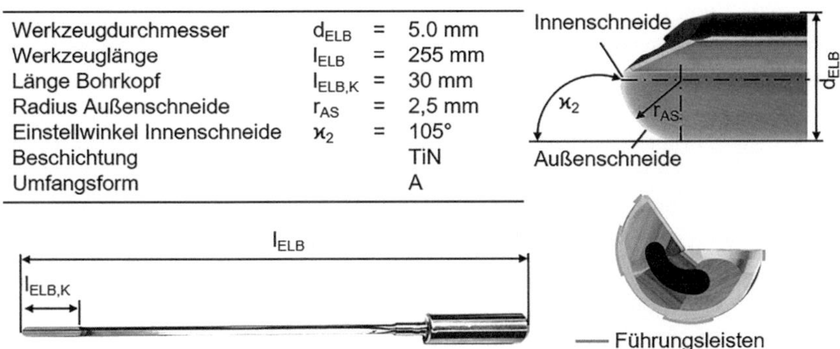

Werkzeugdurchmesser	d_{ELB}	=	5.0 mm
Werkzeuglänge	l_{ELB}	=	255 mm
Länge Bohrkopf	$l_{ELB,K}$	=	30 mm
Radius Außenschneide	r_{AS}	=	2,5 mm
Einstellwinkel Innenschneide	$\varkappa_2$	=	105°
Beschichtung			TiN
Umfangsform			A

Abbildung 3.5   Eigenschaften der verwendeten Einlippentiefbohrwerkzeuge nach [151]

Die Bohrungen wurden auf einem Tiefbohrzentrum Ixion TLF 1004 (Abbildung 3.6) durchgeführt. Aufgrund des asymmetrischen Aufbaus der Einlippentiefbohrwerkzeuge müssen diese beim Anbohrvorgang gestützt werden. Dies erfolgte durch mittels Wendelbohrer eingebrachter Pilotbohrungen. Als Kühlschmierstoff diente das Hochleistungs-Tiefbohröl ISOCUT T 404 von Petrofer. Der Bohrprozess wurde durch die Messung des Bohrmoments M_D und der Vorschubkraft F_f überwacht. Die Messungen erfolgten mit einem Dynamometer vom Typ 9123 der Kistler Gruppe.

Abbildung 3.6   Versuchsaufbau für Einlippen-Tiefbohrversuche nach [16] Reproduced with permission from Springer Nature

In Abbildung 3.7 sind beispielhafte Messungen der Bohrmomente und -kräfte dargestellt. Es ist klar zu erkennen, dass eine Erhöhung des Vorschubs mit einer signifikanten Erhöhung von F_f und M_D einhergeht. So führt eine Verdopplung des

Vorschubs f von 0,05 auf 0,10 mm zu einer Steigerung der Vorschubkraft F_f um etwa 70 % und eine weitere Steigerung des Vorschubs auf f = 0,15 mm zu einer Verdopplung von F_f [16,151]. Die Steigerung des Bohrmoments M_D, das sich im Wesentlichen aus den Schnitt-, Reib- und Umformkräften zusammensetzt, ist stär-ker ausgeprägt. So steigt bei einer Schnittgeschwindigkeit von v_c = 65 m/min M_D von 1,0 Nm bei f = 0,05 mm über 1,8 Nm bei f = 0,10 mm auf 2,5 Nm bei einem Vorschub von f = 0,15 mm [16,151]. Die Korrelation der Kräfte und Momente mit der Schnittgeschwindigkeit v_c ist weniger stark ausgeprägt. So ist in der Vorschubkraft F_f mit steigender Schnittgeschwindigkeit v_c keine signifikante Veränderung feststellbar.

Das Bohrmoment sinkt jedoch mit steigender Schnittgeschwindigkeit. Bei einem Vorschub von f = 0,10 mm sinkt M_D von 1,8 Nm bei v_c = 50 m/min auf 1,6 Nm bei v_c = 80 m/min [151]. Die Kraft- und Drehmomentverläufe in Abbildung 3.7 a) zeigen keinen relevanten Einfluss der Schnittgeschwindigkeit und des Vorschubs auf deren Standardabweichung [151].

Eine Onlineerfassung der Prozesstemperatur wurde mit einem Fire-3 Zwei-Farben Pyrometer der Fa. en2Aix-energy engineering Aachen GmbH durchgeführt. Dabei wurde ein Lichtleiter in eine Bohrung quer zur Hauptbohrrichtung 600 μm in den geplanten Bohrungspfad eingebracht, so dass dieser beim Bohrprozess mehrfach mitzerspant wurde. Dadurch konnte sowohl die Temperatur unmittelbar am Bohrwerkzeug, an verschiedenen Positionen der Schneide und den Führungsleisten ermittelt werden. Abbildung 3.8 zeigt die unterschiedlichen Kontaktphasen des Lichtleiters mit dem Bohrwerkzeug, sowie die gemessenen Spannungen und resultierenden Temperaturen. Es zeigte sich, dass im Tiefbohrprozess zwei unterschiedliche Temperaturbereiche nachzuweisen sind. Zunächst der Bereich der Schneide (Sektor 1), in dem die Wärme hauptsächlich durch den Zerspanprozess entsteht. Gefolgt von dem Bereich der Führungsleisten (Sektor 2), in dem die Wärme primär durch die Reibung und die Umformung der Bohrungsrandzone entsteht [151,152].

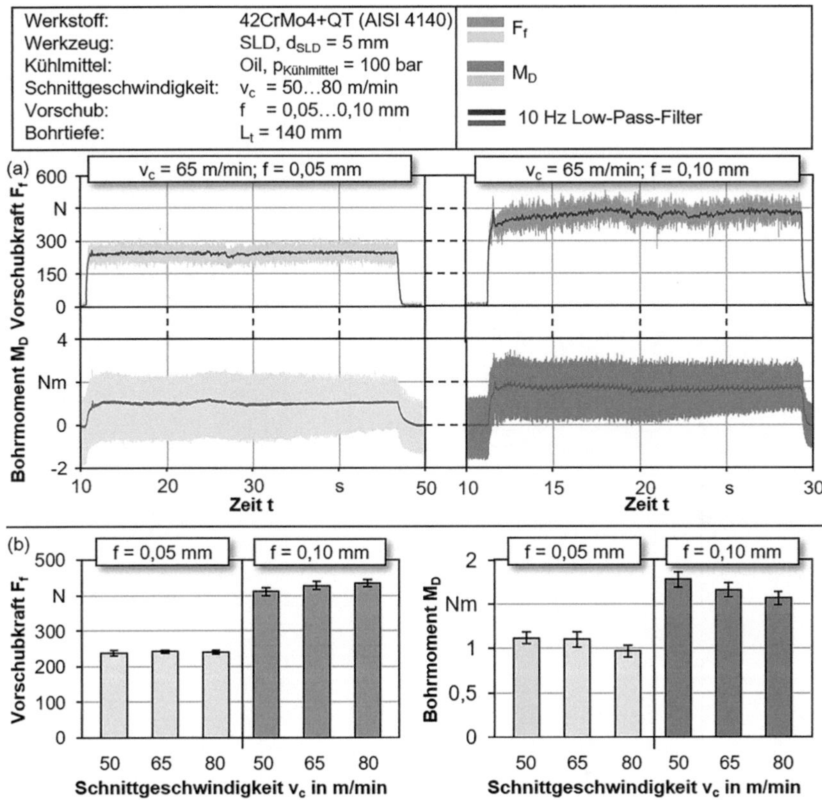

Abbildung 3.7 Beispielhafte Kraft- und Drehmomentmessung für den Einlippen-Tiefbohrprozess (a); Durchschnittliche(s) Vorschubkraft F_f und Drehmoment M_D für verschiedene Schnittgeschwindigkeiten und Vorschubraten (b) nach [151]

In Abbildung 3.9 sind die am Bohrwerkzeug gemessenen maximalen Temperaturen $T_{PM,max}$ bei den unterschiedlichen Schnittgeschwindigkeiten v_c und Vorschubgeschwindigkeiten f dargestellt. Es ist ein Temperaturanstieg sowohl bei steigender Schnittgeschwindigkeit v_c als auch bei steigendem Vorschub f festzustellen. Die geringste Temperatur $T_{PM,max}$ = 612 °C wurde bei der Schnittgeschwindigkeit v_c = 50 m/min und dem Vorschub f = 0,05 mm erfasst. Die hochste Temperatur $T_{PM,max}$ = 897 °C wurde bei der Schnittgeschwindigkeit v_c = 80 m/min und dem Vorschub f = 0,10 mm gemessen.

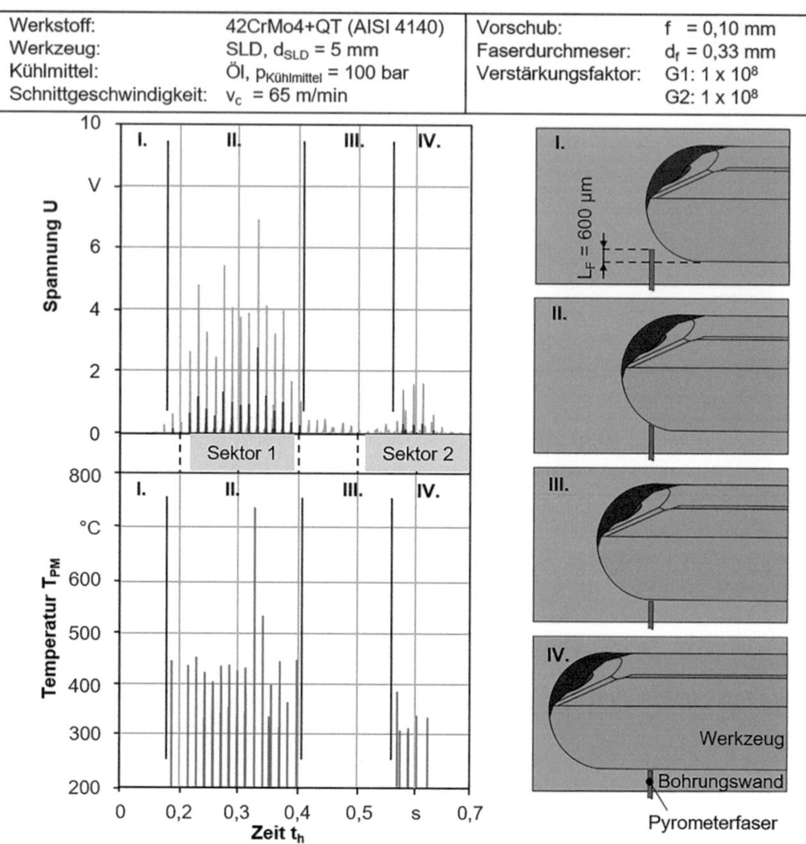

Abbildung 3.8 Beispielhafte Spannungs- und Temperaturmessung bei verschiedenen Schneidenpositionen des Werkzeugs nach [151]

Die Ermüdungsproben wurden anschließend aus dem Rohling gedreht. Dabei erfolgte das Spannen der Werkstücke über die Bohrung, sodass ein möglicher Mittenverlauf ausgeglichen werden konnte.

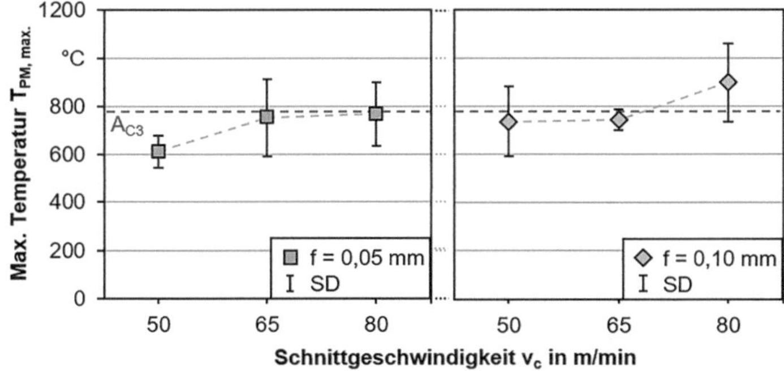

Abbildung 3.9 Maximale Temperaturen T_{PM}, max. bei unterschiedlichen Schnittgeschwindigkeiten v_c und Vorschubgeschwindigkeiten f nach [151]

3.2.2 Variation Kühlschmierstrategie

In einer weiteren Versuchsreihe wurde die Kühlschmierstrategie variiert. Neben dem Hochleistungs-Tiefbohröl fanden eine Emulsion und ein Minimalmengenschmierungsansatz (MMS) Anwendung. Die Versuche mit dem Tiefbohröl wurden wie in 3.2.1 beschrieben durchgeführt. Die Versuche unter Emulsion und MMS erfolgten an einem Grob BZ 600 Bearbeitungszentrum. Die Daten zu dieser Versuchsreihe können Tabelle 3.2 entnommen werden.

Tabelle 3.2 Details der verwendeten Kühlschmierstrategien

Kühlmittel	Tiefbohröl	Emulsion	MMS
Fluid-Type	ISOCUT T 404	Avantin 441–20	Shell Garia SL201
Druck	$p_{Oil} = 100$ bar	$P_{Emu} = 80$ bar	$p_{MQL} = 15$ bar
Viskosität (40 °C)	$\nu_{Oil} = 10.1$ mm^2/s	$\nu_{Emu} = 10$ mm^2/s	$\nu_{MQL} = 32$ mm^2/s
Konzentration		9 %	
Maschine	Ixion TLF 1004	Grob BZ 600	

Die in den unterschiedlichen Bohrprozessen gemessenen Vorschubkräfte F_f und Bohrmomente M_D sind in Abbildung 3.10 dargestellt. Auch hier wurde gezeigt, dass eine Erhöhung des Vorschubs f in einer Erhöhung von Vorschubkraft F_f und Bohrmoment M_D resultiert. In der Regel führt eine Steigerung der Schnittgeschwindigkeit v_c zu einem Abfall von F_f und M_D. Die Verwendung von Tiefbohröl erzeugt höhere Vorschubkräfte F_f und geringere Bohrmomente M_D. F_f liegt bei Verwendung von Emulsion unterhalb der Werte bei Tiefbohröl und unter MMS sinkt die F_f noch weiter ab. Die Werte für M_D liegen bei dem geringeren Vorschub von f = 0,05 mm für alle Kühlschmierstoff auf einem Niveau, bei f = 0,10 mm liegt M_D der unter Öl gebohrten Proben unterhalb des Niveaus der unter Emulsion- und MMS gebohrten Proben [153].

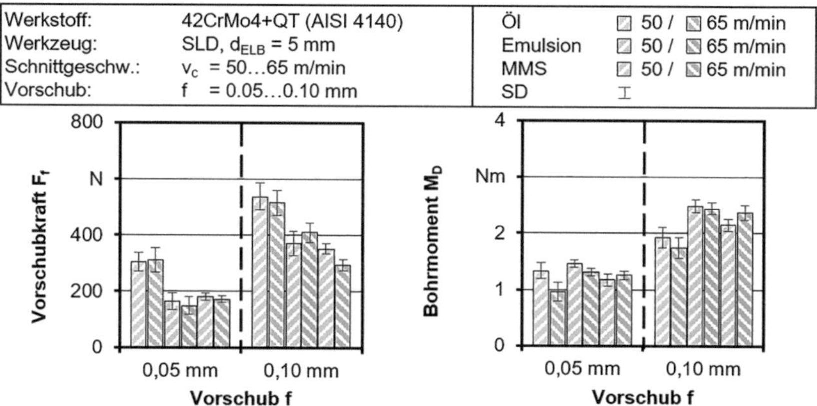

Abbildung 3.10 Mechanische Belastungen bei variierten Schnittparametern und Kühlschmiervarianten nach [153]

Die unter den alternativen Kühlschmierstrategien entstandenen Prozesstemperaturen wurden ebenfalls mit dem Zwei-Farben-Pyrometer überwacht (Abbildung 3.11) Es ist zu erkennen, dass die höchsten Temperaturen bei Bohrungen unter Emulsion ermittelt wurden. Hier wurden Temperaturen von mehr als 1650 °C festgestellt. Die Temperaturen der mittels MMS gebohrten Proben liegt ebenfalls oberhalb derer mit Tiefbohröl gebohrten Proben, was sich jedoch nicht eindeutig mit den Schnittwerten korrelieren lässt. Dies ist auf mutmaßliche Messabweichungen zurückzuführen, die dadurch verursacht wurden, dass die Bohrung beim Span- und Umformprozess durch Verformungen verschlossen wurde. Somit konnten nicht die Werkzeugtemperaturen, sondern die der umgeformten Werkstofflippe gemessen werden. In Abbildung 3.11 ist in A) eine Messbohrung im Idealzustand und in B) im verschlossenen Zustand dargestellt [153].

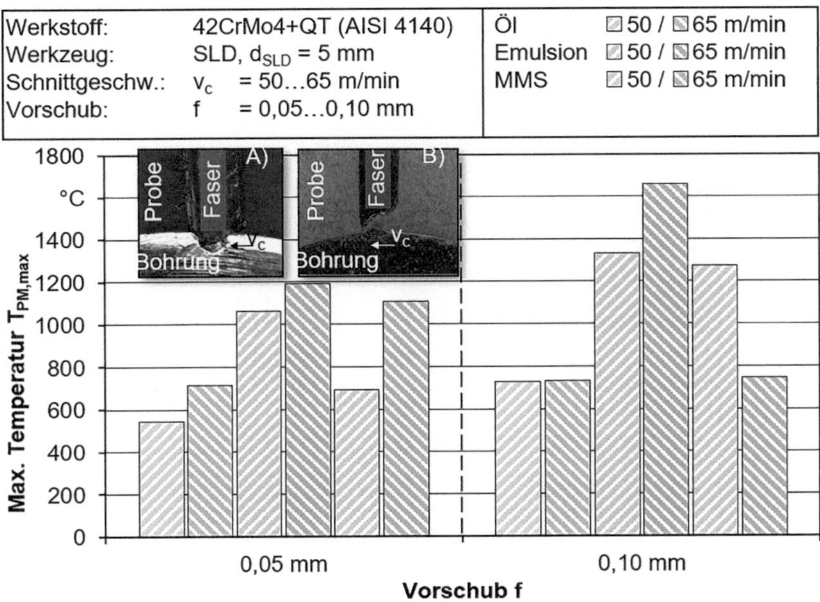

Abbildung 3.11 Maximale mit dem Zwei-Farben Pyrometer gemessenen Temperaturen bei variierten Schnittparametern und Kühlschmiervarianten nach [153]

Diese Hypothese wird durch Messungen gestützt, welche parallel zu den Pyrometermessungen mit Hilfe von Thermoelementen durchgeführt wurden (Abbildung 3.12). Die Thermoelemente wurden etwa 100 µm vom Bohrungspfad entfernt in das Halbzeug eingebracht, um die Temperatur des Werkstücks während des Prozesses wirkzonennah zu überwachen. Es zeigt sich, dass die Temperatur des Werkstücks unter Emulsion am niedrigsten zwischen 50 und 90 °C liegt, gefolgt vom ölgeschmierten Prozess mit Temperaturen zwischen 75 und 110 °C. Die Werkstofftemperaturen im MMS-Prozess liegen mit 240–300 °C wesentlich höher als bei den verglichenen Prozessen. Die hohe Temperatur am Bohrwerkzeug in Kombination mit der geringen Temperatur des Werkstücks unter Emulsion lässt sich dadurch erklären, dass es aufgrund der hohen Temperaturen in der Wirkzone zum teilweisen Verdampfen der wasserbasierten Emulsion kommt.

Dadurch kann keine weitere Kühlwirkung an der Schneide erzielt werden. Da die Emulsion generell allerdings eine hohe Wärmekapazität hat wird das Bauteil im Ganzen stark gekühlt [153].

Werkstoff:	42CrMo4+QT (AISI 4140)	Öl	☑ 50 / ☒ 65 m/min
Werkzeug:	SLD, d_{SLD} = 5 mm	Emulsion	☑ 50 / ☒ 65 m/min
Schnittgeschw.:	v_c = 50...65 m/min	MMS	☑ 50 / ☒ 65 m/min
Vorschub:	f = 0,05...0,10 mm		

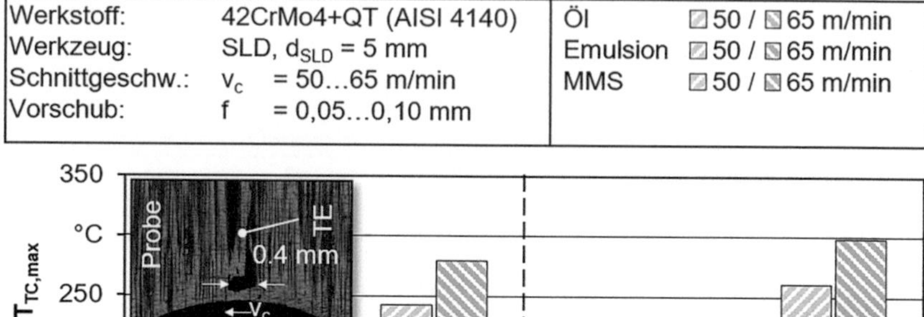

Abbildung 3.12 Maximale mit Thermoelementen gemessenen Temperaturen bei variierten Schnittparametern und Kühlschmiervarianten nach [153]

Es zeigt sich, dass unter Tiefbohröl die geringsten Werkzeugtemperaturen und nur leicht erhöhte Werkstücktemperaturen erreicht werden. Dies in Kombination mit dem geringsten Bohrmoment M_D führt zur geringsten thermomechanischen Belastung des Werkstücks. Eine mittlere Belastung wird durch das Bohren unter Emulsion erzeugt. Es sind zwar stark erhöhte Temperaturen in der Wirkzone gemessen worden, die hohe Kühlleistung der Emulsion resultiert jedoch in einer geringen thermischen Belastung des Werkstücks. Das Bohrmoment M_D ist gegenüber den Versuchen unter Tiefbohröl leicht erhöht. Das ist auf die bessere Schmierwirkung des Tiefbohröls zurückzuführen, was zu geringeren Reibungskräften F_R an der Führungsleiste und somit zu einem geringeren Bohrmoment

M_D führt. Die höchste thermomechanische Belastung wird mit Minimalmengenschmierung erreicht. Hier sind die Werkstücktemperaturen gegenüber den anderen Kühlschmierstrategien massiv erhöht und auch das höchste Bohrmoment M_D wurde gemessen. Die Vorschubkraft F_f wurde bei der Bewertung des thermomechanischen Belastungskollektivs vernachlässigt, da diese hauptsächlich einen Einfluss auf den Bohrgrund und nicht die hier im Fokus stehende Bohrungswand hat [153].

Motivation und Ziel der Arbeit 4

Die Optimierung der Leistungsfähigkeit und die maximale Ausnutzung der Lebensdauer spanend hergestellter Bauteile im Allgemeinen, sowie tiefgebohrter Bauteile im Speziellen, erfordern eine umfassende Kenntnis der Bauteilrandzone. Zur Bewertung dieser bedarf es zuverlässiger und zerstörungsfreier Prüfmöglichkeiten. Mikromagnetische Verfahren, wie bspw. das magnetische Barkhausenrauschen und die Wirbelstromprüfung, haben sich bereits in vielen Anwendungsfeldern bewährt und sollen nun auf diesen Fall adaptiert werden.

Diese Arbeit entstand im Rahmen eines in zwei Phasen durch die Deutsche Forschungsgemeinschaft (DFG) geförderten Forschungsprojekts (Projektnummer: 320296624) mit dem Institut für Spanende Fertigung (ISF) der TU Dortmund und umfasst mehrere Aspekte. Abbildung 4.1 zeigt schematisch das Vorgehen zur Entwicklung mikromagnetischer Modelle für die Bewertung der Bohrungsrandzonenintegrität.

Zunächst wird eine schnelle zerstörungsfreie Methode zur Bewertung des Ausgangszustand der Bohrungsrandzone nach dem Einlippen-Tiefbohrprozess implementiert. Da sich die zu bewertende Oberflächenintegrität (Surface Integrity) aus einer Vielzahl unterschiedlicher Aspekte, wie der Mikrostruktur, der Härte und den Eigenspannungen zusammensetzt [154,155], ist es unabdingbar, die Randschichteigenschaften ganzheitlich zu erfassen. Dazu erfolgen neben mikrostrukturellen Untersuchungen in Form von licht- und elektronenmikroskopischen Untersuchungen einschließlich der Charakterisierung mittels Elektronenrückstreubeugung, auch Härtemessungen und die Erfassung des Eigenspannungszustands mittels röntgenographischer Analysen im Ausgangszustand. Anschließend erfolgt eine Überwachung der Schädigungsevolution im Bauteil

© Der/die Autor(en), exklusiv lizenziert an Springer Fachmedien Wiesbaden GmbH, ein Teil von Springer Nature 2023

N. Baak, *Mikromagnetische Charakterisierung des Ermüdungsverhaltens und der Eigenspannungsrelaxation tiefgebohrter Proben des Vergütungsstahls 42CrMo4*, Werkstofftechnische Berichte | Reports of Materials Science and Engineering, https://doi.org/10.1007/978-3-658-41679-9_4

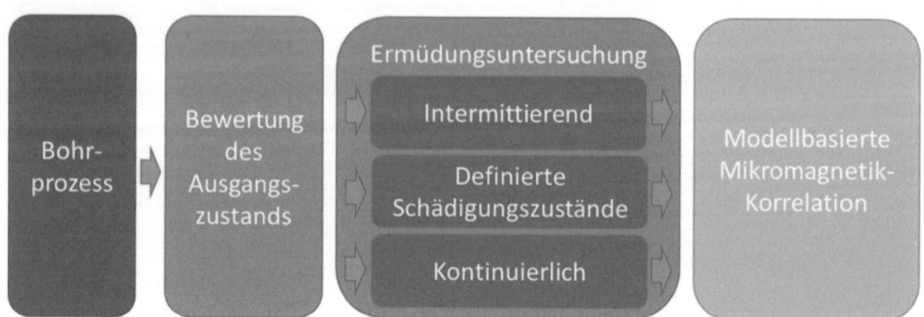

Abbildung 4.1 Vorgehensweise zur Entwicklung modellbasierter Mikromagnetik-Korrelationen

während Ermüdungsuntersuchungen. Dabei werden drei Versuchsvarianten angewendet, zunächst erfolgen intermittierende Ermüdungsversuche, welche mittels Barkhausenrauschen-Messungen instrumentiert werden. Anschließend werden basierend auf den zuvor ermittelten Ergebnissen Proben zu definierten Schädigungszuständen ermüdet und anschließend, wie der Ausgangszustand, mit Hilfe zerstörender Verfahren bezüglich ihrer Mikrostruktur und Eigenspannungszustände charakterisiert und mit den mikromagnetischen Kennwerten korreliert. Abschließend erfolgen kontinuierliche, mittels Wirbelstroms überwachte Versuche. Auch hier erfolgt eine Rückkopplung auf das zuvor ermittelte Wissen.

Ziel der Untersuchungen ist es, ein zuverlässiges System zur schnellen und zerstörungsfreien Bewertung von durch Einlippen-Tiefbohren hergestellten Bauteilen zu etablieren. Dabei soll neben der mikrostrukturellen Bewertung der Fokus auf den durch das Bohren induzierten Eigenspannungen liegen. Weiterhin soll das Verfahren ertüchtigt werden, eine Bewertung des Ermüdungszustands im Sinne eines Condition-Monitorings zu gewährleisten.

Experimentelle Verfahren 5

Im Folgenden werden die eingesetzten Verfahren zur Charakterisierung der Bohrungsrandzonen dargestellt, dabei handelt es sich einerseits Verfahren zur mikroskopischen Charakterisierung der Mikrostruktur und andererseits um Methoden zur Bestimmung der vorliegenden Härte und der Eigenspannungen. Des Weiteren werden die beiden mikromagnetischen Prüfverfahren Barkhausenrauschen- und Wirbelstromprüfung beschrieben. Weiterhin werden die Prüfstrategien zur mechanischen Bestimmung des Einflusses der Bohrungsrandzonen auf das Ermüdungsverhalten erläutert.

5.1 Mikrostrukturanalyse

5.1.1 Lichtmikroskopie

Lichtmikroskopische Untersuchungen wurden an einem Lichtmikroskop Zeiss Axio.Imager.M1m sowie einem Digitalmikroskop Keyence VHX-7000 durchgeführt. Es wurden Auflicht-Hellfeld-Aufnahmen bei verschiedenen anwendungsangepassten Vergrößerungen angefertigt.

Inhalte dieses Kapitels basieren zum Teil auf Vorveröffentlichungen [150,151,156,157]und den studentischen Arbeiten [158,159].

N. Baak, *Mikromagnetische Charakterisierung des Ermüdungsverhaltens und der Eigenspannungsrelaxation tiefgebohrter Proben des Vergütungsstahls 42CrMo4*, Werkstofftechnische Berichte | Reports of Materials Science and Engineering, https://doi.org/10.1007/978-3-658-41679-9_5

5.1.2　Rasterelektronenmikroskopie

Elektronenmikroskopische Untersuchungen wurden mit einem Rasterelektronenmikroskop (REM) Tescan Mira 3 XMU durchgeführt. Dieses REM verfügt über
eine Feldemissionskathode. Für die Gefügeuntersuchung wurde eine Beschleunigungsspannung von U_B　15 kV, ein Arbeitsabstand WD = 25 mm, sowie der
Sekundärelektronenkontrast gewählt.

5.1.3　Elektronenrückstreubeugung (EBSD)

Die Mikrostrukturuntersuchungen mittels Elektronenrückstreubeugung (EBSD)
wurden ebenfalls im REM Tescan Mira 3 XMU durchgeführt. Es wurde die
Beschleunigungsspannung $U_B = 25$ kV, der Strahlstrom $I_{Strahl} = 4800$ pA und
der Arbeitsabstand WD = 20 mm eingestellt. Als finaler Schritt der Probenpräpa-
ration erfolgte eine Politur mit einer kolloidalen Siliziumdioxid-Suspension mit
einer Korngröße von 0.04 μm und einem pH-Wert von 9,8. Der Suspension wurde
eine 30 %ige Wasserstoffperoxid-Lösung in einem Verhältnis 1:5 zugesetzt.

Die Beugungsbilder wurden mit einer EBSD-Kamera EDAX Velocity Pro
CMOS detektiert. Dazu wurde die Probe in einem um 70° vorgekippten Pro-
benhalter der Fa. Micro to Nano unterhalb des Polschuhs in der Probenkammer
platziert (Abbildung 5.1). Die Erfassung der Kikuchi-Bänder erfolgte in der
Software EDAX APEX 2.1.

Abbildung 5.1
Versuchsaufbau für
EBSD-Untersuchungen im
Rasterelektronenmikroskop

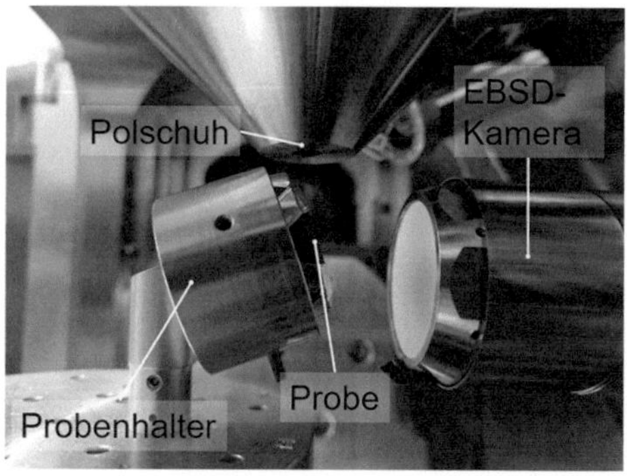

Die Auswertung der EBSD-Daten erfolgte mit der Software EDAX OIM Analysis 8.6. Zur nachträglichen Rauschminimierung und verbesserten Indizierung

der Kikuchi-Bänder wurde das „Neighbor Pattern Averaging and Reindexing"-Verfahren (NPAR) eingesetzt. Hier wird durch eine Überlagerung der Beugungsdiagramme benachbarter Punkte eine wesentliche Verbesserung der Indizierung stark verrauschter Beugungsmuster, wie sie bspw. bei sehr feinen umgeformten Mikrostrukturen beobachtet werden, verwirklicht [160,161].

Die Darstellung der Kristallitorientierungen erfolgt mittels inverser Polfiguren mit der in Abbildung 5.2 gezeigten Farbkodierung. Dem Orientierungsmapping ist ein Fit Mapping in Graustufen überlagert. Das Fit Mapping ist ein Maß für die Genauigkeit der Kristallorientierung und die Missorientierung der Kristalle und kann damit als Maß für die Verformung und Schädigung dienen [162].

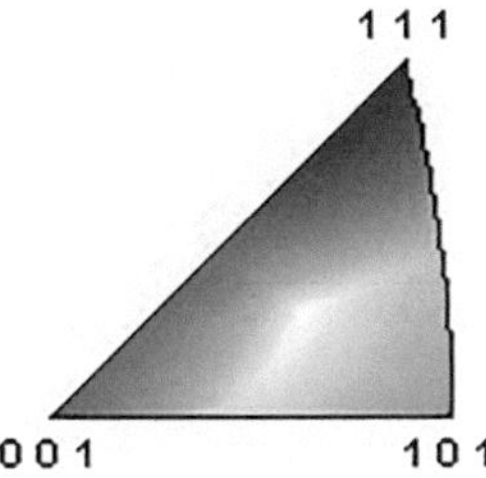

Abbildung 5.2
Farbkodierung der inversen
Polfiguren

Für die Berechnung der Korngröße wurde eine Mindestkorngröße von 5 Pixel verwendet. Des Weiteren wurde zur Berechnung des mittleren Korndurchmessers d_K ein flächengewichteter Ansatz gewählt:

$$d_K = \frac{\frac{1}{N_K} \sum_{i=1}^{N_K} A_i d_i}{\frac{1}{N_K} \sum_{i=1}^{N_K} A_i} \tag{5.1}$$

N_K ist die Anzahl an Körnern, A_i deren Fläche und d_i der Durchmesser von Korn i ist.

5.2 Härteprüfung

Es wurden die zwei im Folgenden beschriebenen Härteprüfverfahren angewandt. Die Makrohärteprüfung erfolgte mit einem Wolpert Dia Testor 2 RC nach dem Vickersverfahren mit einer Last von 98,07 N (HV10) nach DIN EN ISO 6507-1 [163].

Die Mikrohärteprüfungen wurden mit einem vollautomatischen und einem nicht-automatisierten Kleinlasthärteprüfer Shimadzu HMV-G in Anlehnung an DIN EN ISO 6507-1 [163] mit einer Last von 0,098 N (HV0,01) durchgeführt. Es wurden Härtemappings nach dem in Abbildung 5.3 gezeigten Schema erstellt. Um die Randzonenveränderungen detektieren zu können, wurde der Randabstand bewusst geringer als in der Norm vorgegeben gewählt.

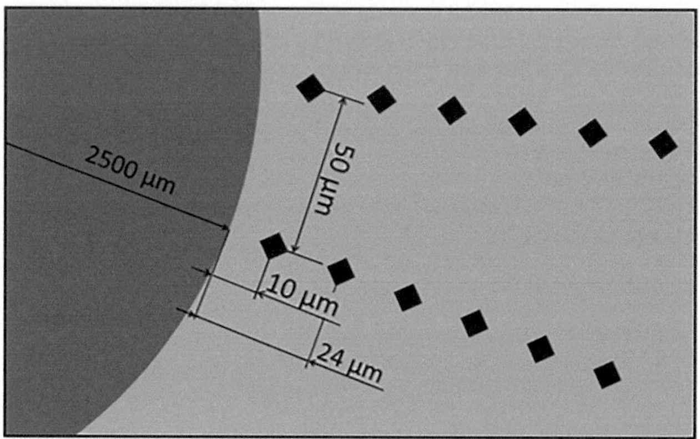

Abbildung 5.3 Schematische Darstellung der Eindruckverteilung der Mikrohärteprüfung [158]

5.3   Röntgendiffraktometrie

Die Eigenspannungen der Bohrungswand wurden mittels röntgendiffraktometrischer Verfahren bestimmt. Da sich die relevante Position zur Eigenspannungsmessung im Inneren der Bohrungen befand, wurde die zu untersuchende Bohrungswand möglichst verformungsarm entweder durch Fräsen mit niedrigen Schnittwerten, Drahterodieren oder Wasserstrahlschneiden freigelegt.

Für die röntgenographische Eigenspannungsmessung wurde eine Vielzahl unterschiedlicher Messaufbauten genutzt, die sich hauptsächlich in den Berechnungsverfahren und Kollimatordurchmessern $\varnothing_K$ unterschieden. Die wichtigsten Mess- und Auswerteparameter aller verwendeten Messaufbauten sind in Tabelle 5.1 aufgeführt.

Tabelle 5.1 Mess- und Auswerteparameter der verwendeten Diffraktometer

Diffraktometer	Siemens F2	Seifert PTS 3000	Bruker D8 Discover	Pulstec μ-X360s
Verfahren	$\sin^2\Psi$			$\cos\alpha$
Strahlungsart	$CrK\alpha$			
Gitterebene	$\{211\}$			
Kipprichtung	Ψ-Kippung		χ-Kippung	–
Kippwinkel Ψ	$0° - \pm45°$			$\Psi_0 = 35°$
Stützstellen	11	27	9	–
Beugungswinkelbereich	148–164°	148–162°	150–160,5°	–
Schrittweite	0,1°	0,1°	0,1°	–
Kollimatordurchmesser $\varnothing_K$	0,5 mm	0,12 mm	0,3 mm	0,3 mm / 0,2 mm
Beugungswinkel d. unverspannten Gitters Θ_0	78,035°	78,04°	78,04°	78,198°
REK $\tfrac{1}{2}S_2$	$6{,}09{\cdot}10^{-6}$ mm^2/N	$5{,}81{\cdot}10^{-6}$ mm^2/N	$5{,}82{\cdot}10^{-6}$ mm^2/N	$6{,}19{\cdot}10^{-6}$ mm^2/N

Zunächst wurden Untersuchungen vom Zentrum für Randschichttechnik im Institut für Werkstofftechnik der Universität Kassel durchgeführt. Dazu wurde ein Röntgendiffraktometer vom Typ F2 der Fa. Siemens in $\sin^2\Psi$-Anordnung mit einem Kollimatordurchmesser von $\varnothing_K = 0{,}5$ mm verwendet.

Weitere Untersuchungen wurden mit einem Diffraktometer Seifert PTS 3000 (Abbildung 5.4) an der Hochschule Kaiserslautern durchgeführt. Auch dieses Diffraktometer wurde in $\sin^2\Psi$-Anordnung betrieben. Die Besonderheit dieses Versuchsaufbaus liegt in der Verwendung einer elliptischen Glaskapillare, die einen sehr geringen Brennfleckdurchmesser von ca. 140 μm ermöglicht.

Die Untersuchungen nach der $\sin^2\Psi$-Methode am Lehrstuhl für Werkstoffprüftechnik (WPT) der TU Dortmund wurden mit einem Diffraktometer Bruker D8 Discover (Abbildung 5.5) durchgeführt. Die Variation des Ψ-Winkels erfolgte, im Gegensatz zu den vorherigen Verfahren, entsprechend der χ-Methode. Es wurde ein Kollimatordurchmesser von $\varnothing_K = 0{,}3$ mm verwendet.

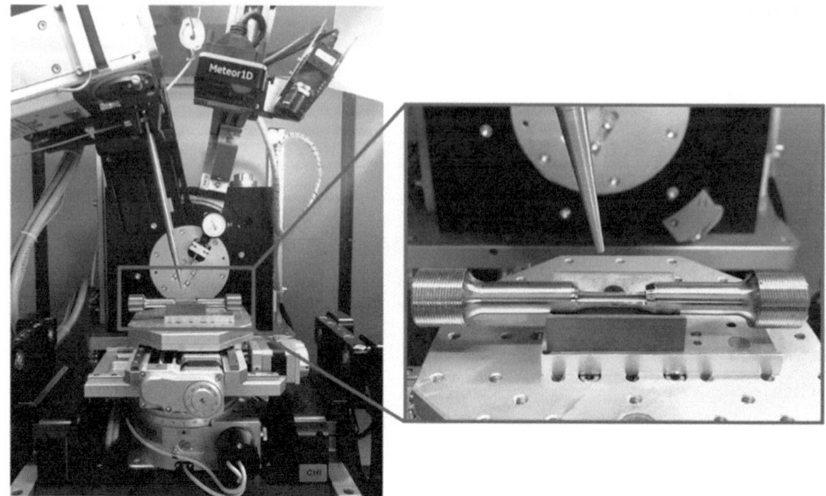

Abbildung 5.4   Versuchsaufbau Seifert PTS 3000 [156]

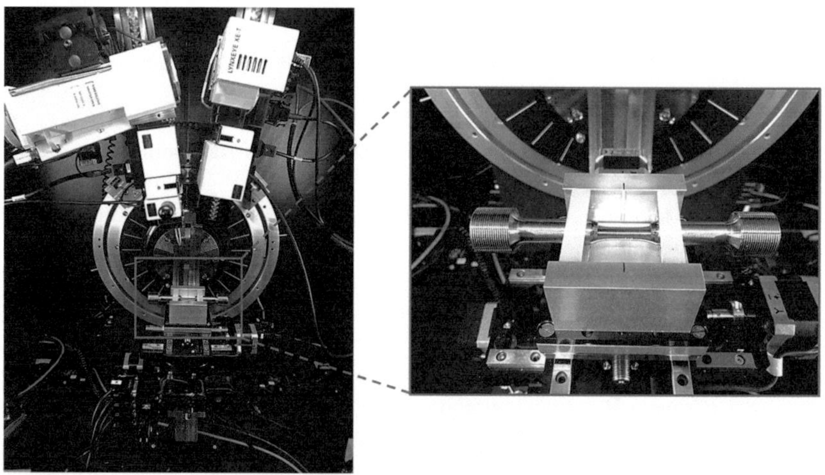

Abbildung 5.5   Versuchsaufbau Bruker D8 Discover

Weitere Untersuchungen erfolgten mit dem portablen Röntgendiffraktometer μ-X360s der Fa. Pulstec (Abbildung 5.6). Dieses XRD zeichnet sich durch die Verwendung der $\cos\alpha$-Methode aus. Neben den Untersuchungen am WPT wurden Messungen an der Hochschule Bochum durchgeführt. Es wurden Kollimatordurchmesser von $\emptyset_K = 0{,}3$ mm (HS Bochum) und $\emptyset_K = 0{,}2$ mm (WPT) verwendet.

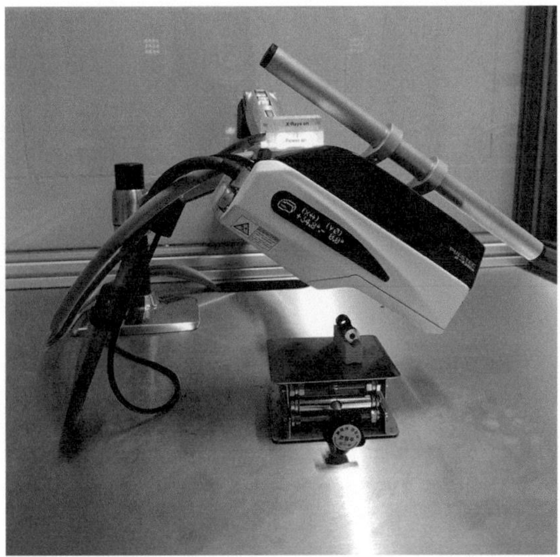

Abbildung 5.6
Versuchsaufbau Pulstec
μ-X360s

5.4   Mikromagnetik

In der Arbeit wurden zwei verschiedene mikromagnetische Prüfsysteme eingesetzt. An beiden Systemen fanden speziell auf die Probengeometrie angepasste Sensoren Anwendung.

5.4.1   Barkhausenrauschen

Die Messung des Barkhausenrauschens wurden mit einem FracDim-System des Fraunhofer Instituts für Keramische Technologien und Systeme (IKTS) (Abbildung 5.7) durchgeführt.

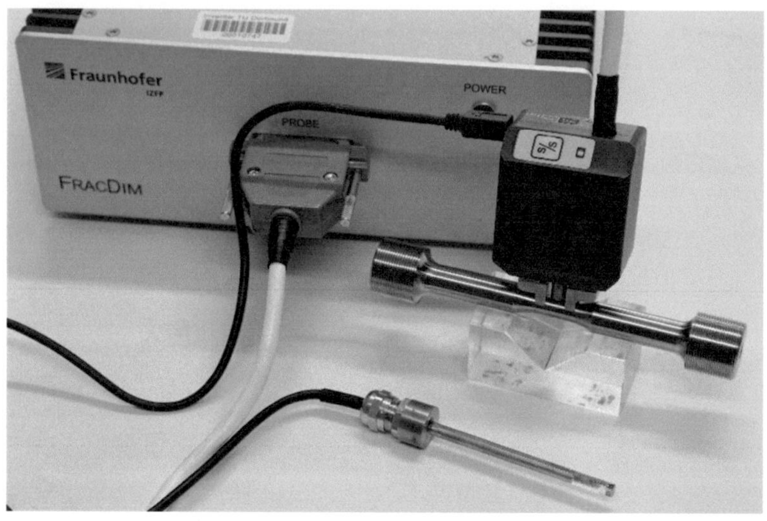

Abbildung 5.7   Barkhausenrauschen-Prüfsystem FracDim des Fraunhofer IKTS [157]

Die Messungen erfolgten mit einem auf die Probengeometrie angepassten Sensor (Abbildung 5.8). Dieser wird mit seinem an den Probendurchmesser entsprechenden Polschuhen, an der Probe aufgesetzt. Die optimierte Polschuh-geometrie gewährleisten dabei optimale und wiederholbare Kontaktbedingungen. Es kann nun einerseits, wie bei konventionellen Sensoriken üblich, mit einer Aufnahmespule zwischen den Polschuhen an der Außenseite der Probe gemessen werden und andererseits kann eine speziell angefertigte Sonde in die Bohrung eingeführt werden, um so das Barkhausenrauschen-Signal an der Bohrungsrand-zone aufzunehmen. Dabei erfolgt die Erregung des magnetischen Wechselfeldes weiterhin von der Außenseite der Probe und nur die Messsonde befindet sich im Inneren der Bohrung.

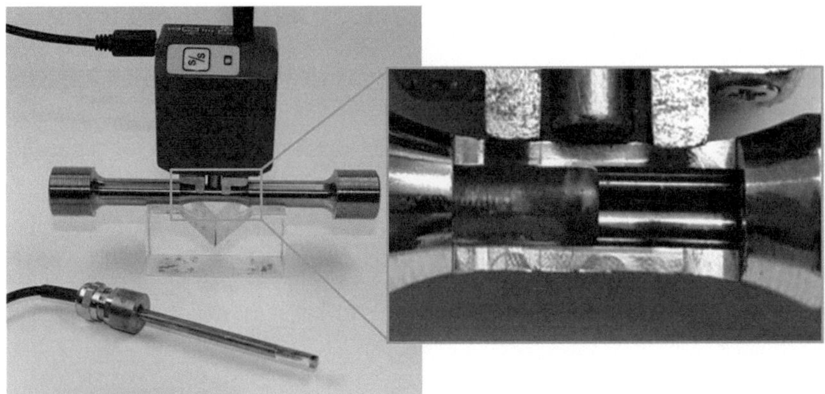

Abbildung 5.8 Angepasster Bohrungssensor für das FracDim Barkhausenrauschen System [150]

Falls nicht anders angegeben, erfolgten die Messungen mit den folgenden Parametern. An der Außenseite der Probe wurde mit der Magnetisierungsfrequenz $f_{mag} = 60$ Hz und an der Innenseite mit $f_{mag} = 30$ Hz gemessen. Sowohl bei den Außen- als auch den Innenmessungen wurde der magnetische Fluss auf $\Phi = 10$ µVs geregelt und ein Bandpassfilter von $f_{BP} = 10$–200 Hz eingesetzt.

5.4.2 Wirbelstromprüfung

Die Wirbelstromprüfung erfolgte mit einem Prüfsystem vom Typ PL600 der Fa. Rohmann (Abbildung 5.9). Dabei wurde ein spezieller Bohrungssensor mit dem Durchmesser 4 mm verwendet. Dadurch, dass der Sensor einen geringeren Durchmesser als die Bohrungen hat, ist es möglich, den Sensor auch während der Ermüdungsversuche einzusetzen. Um eine übermäßige Relativbewegung des Sensors zur Probe zu vermeiden, wurde die Führung des Sensors in der Bohrung mittels Polyimidfolie optimiert. Es wurden verschiedene Wirbelstromfrequenzen, Verstärkungen und Oberwellen zur Charakterisierung der Proben genutzt.

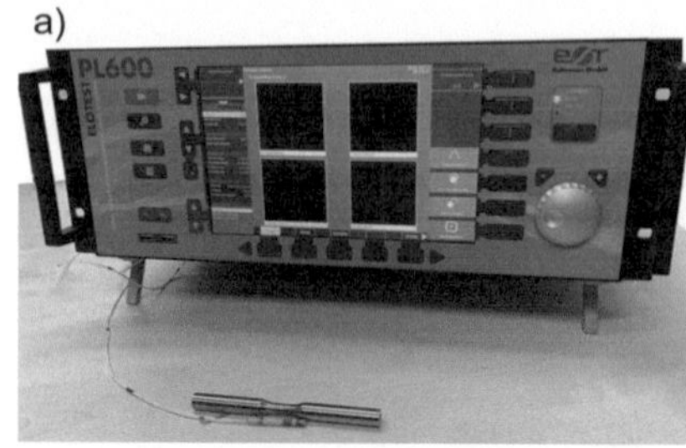
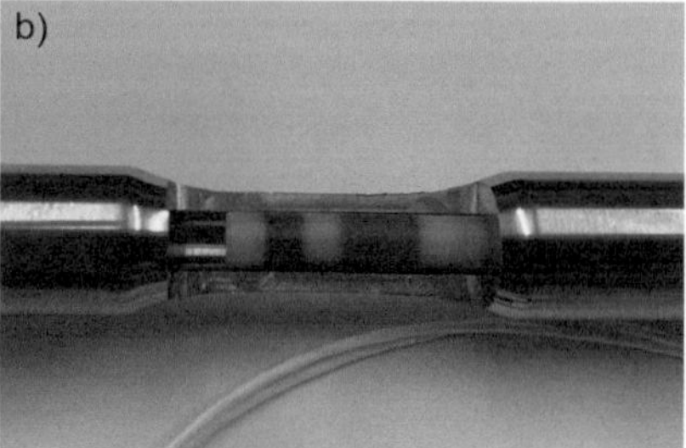

Abbildung 5.9 Wirbelstromprüfsystem Rohmann PL600 a) das Hauptsystem b) angepasster Bohrungssensor [151]

Die kontinuierliche Erfassung des Wirbelstromsignals wurde mittels Spannungsmesskarten von National Instruments über die Analogausgänge des PL600 in einem LabView Programm realisiert. Ebenfalls mit Hilfe von LabView Programmen erfolgte die Weiterverarbeitung der Rohdaten.

5.5   Ermüdungsversuche

Die Ermüdungsversuche wurden an zwei verschiedenen Prüfaufbauten durchgeführt.

5.5.1   Resonanzpulsator

Die Ermüdungsversuche wurden am Resonanzpulsator Testronic 150 der Fa. Russenberger Prüfmaschinen (Abbildung 5.10) durchgeführt. Mithilfe einer Frequenzreduktionsfeder und den gewählten Massen ergab sich eine Prüffrequenz von $f_{zyk} \sim 75$ Hz.

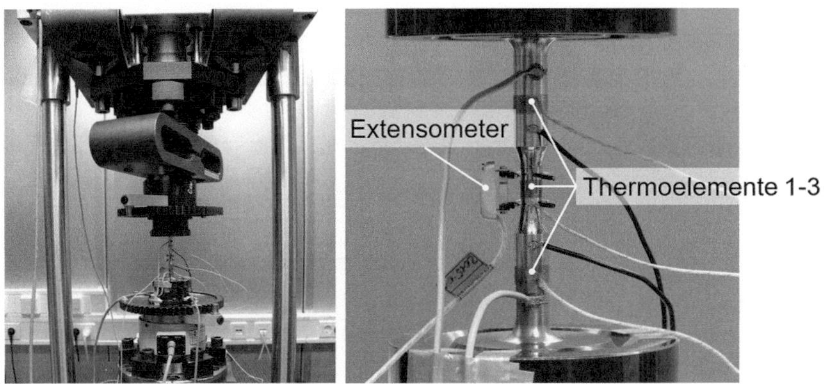

Abbildung 5.10 Versuchsaufbau für Ermüdungsversuche am Resonanzpulsator [150]

Die Dehnungswerte wurden mit einem taktilen Extensometer vom Typ EXA10-05 der Fa. Sandner erfasst und mittels eines LabView Programms hinsichtlich ihrer elastischen und plastischen Anteile ausgewertet. Weiterhin wurde die Probentemperatur mit drei Thermoelementen vom Typ K aufgezeichnet. Die Berechnung der Temperaturänderung erfolgte wie folgt.:

$$\Delta T = T_1 - \left(\frac{T_2 + T_3}{2} \right) \tag{5.2}$$

Dabei ist T_1 die Temperatur in der Probenmitte und T_2 und T_3 die Temperaturen oberhalb bzw. unterhalb der Messlänge. Parallel wurde ebenfalls mit einem Thermoelement vom Typ K die Umgebungstemperatur überwacht.

Für die Versuche am Resonanzpulsator wurden Proben mit der in Abbildung 5.11 dargestellten Geometrie verwendet. Diese zeichnet sich vor allem durch die mittels Einlippen-Tiefbohrens eingebrachte 5 mm Längsbohrung aus. Weiterhin befinden sich an den Probenenden M22×1 Gewinde zum Einspannen der Probe in die Prüfmaschine.

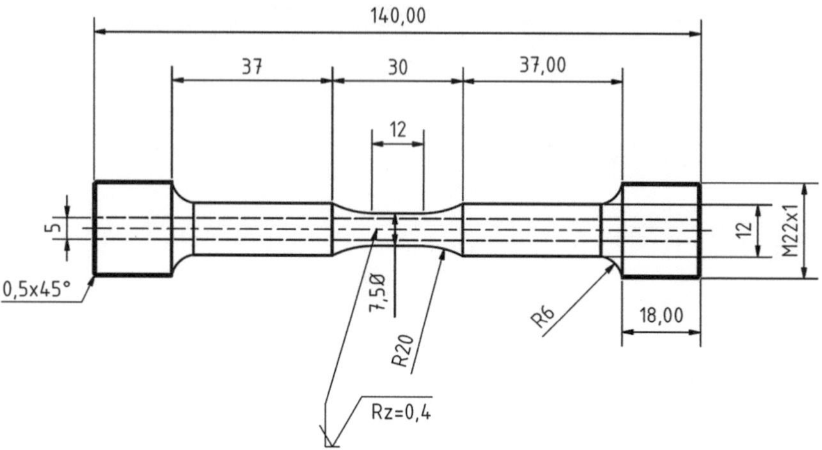

Abbildung 5.11 Probengeometrie für am Resonanzpulsator durchgeführte Versuche nach [150]

Es wurden zwei Versuchsführungen angewandt. Einerseits wurden Laststeigerungsversuche (LSV) durchgeführt, bei denen mit einer schädigungsfreien Spannungsamplitude von $\sigma_a = 100$ MPa gestartet und diese nach $\Delta N = 10^4$ Lastspielen um $\Delta\sigma_a = 10$ MPa gesteigert wurde bis zum Probenversagen. Andererseits kamen Einstufenversuche (ESV), in denen die Spannungsamplitude bis zum Probenbruch bzw. Erreichen der Grenzlastspielzahl $N_{grenz} = 10^7$ konstant gehalten wurde, zur Anwendung.

5.5.2 Servopulser

Weitere Ermüdungsversuche wurden an einem servohydraulischen Schwingprüfsystem Shimdazu EHF-EV050 durchgeführt (Abbildung 5.12). Die Maschine ist mit hydraulischen Spannbacken ausgestattet und eignet sich ideal für eine intermittierende Versuchsführung. Instrumentiert wurden die Versuche bei $f_{zyk} = 10$ Hz mit einem taktilen Extensometer vom Typ TCK-1-LH der Fa. Showa Sokki. Die Auswertung hinsichtlich der elastischen und plastischen Anteile wurde mit einem webbasierten Programm von Hülsbusch [164] ermöglicht. Die Temperaturerfassung erfolgte analog zu den Resonanzpulsator-Versuchen (5.5.1) mit einem weiteren Thermoelement T_4 im Inneren der Probe. Weiterhin wurde der Wirbelstrombohrungssensor des PL600 (5.4.2) zur Online-Messung der Wirbelströme in die Bohrung eingebracht.

Abbildung 5.12
Versuchsaufbau für
Ermüdungsversuche am
servohydraulischen
Prüfsystem

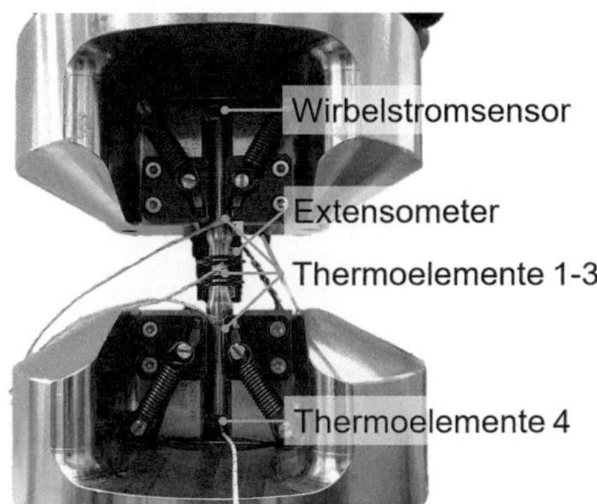

Die an diesem Prüfsystem verwendete Probengeometrie (Abbildung 5.13) gleicht in den wesentlichen Punkten den im Resonanzpulsator verwendeten Proben (Abbildung 5.11). Auch diese zeichnet sich durch eine mittels Einlippen-Tiefbohren eingebrachte 5 mm Längsbohrung aus und die Dimensionierung der Messlänge ist identisch. Die Proben haben glatte Schäfte und können so mit dem hydraulischen Keilspannzeug gespannt werden.

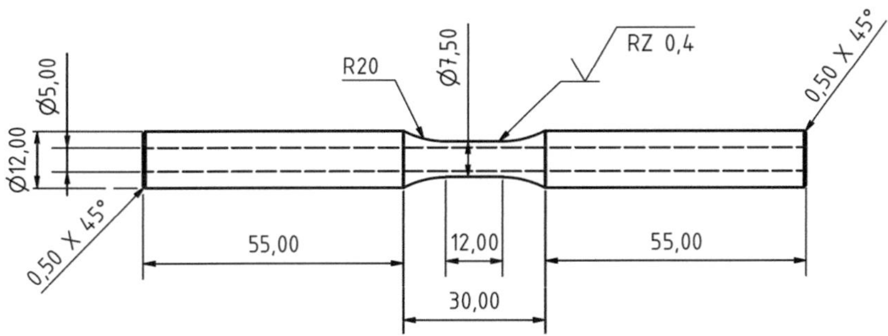

Abbildung 5.13   Probengeometrie für am servohydraulischen Prüfsystem durchgeführte Versuche [159]

Auch an der servohydraulischen Schwingprüfmaschine wurden ESV und LSV durchgeführt. Die Stufenlänge ΔN sowie die Stufenhöhe $\Delta\sigma_a$ wurden wie am Resonanzpulsator gewählt, die Startamplitude lag aber mit $\sigma_{a,\text{start}} = 250$ MPa höher.

Ergebnisse 6

Das Herstellverfahren hat einen großen Einfluss auf die Surface Integrity der tiefgebohrten Bauteile, daher erfolgt in 6.1 eine umfassende konventionelle Charakterisierung des Ausgangszustands, hinsichtlich der Mikrostruktur, der Härte und der Eigenspannungen, sowie eine zerstörungsfreie Beschreibung mittels Barkhausenrauschen Messungen. In 6.2 wird der Einfluss der Surface Integrity auf das Ermüdungsverhalten durch mechanische Untersuchungen bestimmt, dabei werden basierend auf kontinuierlichen Versuchen, intermittierende Versuche zur Darstellung der fortschreitenden Ermüdungsschädigung mittels Barkhausenrauschen Messungen durchgeführt. Zusätzlich werden an definierten Ermüdungsschädigungsstadien versuche abgebrochen und umfassend charakterisiert um den Einfluss der Ermüdung auf die Surface Integrity und die Beeinflussung der mikromagnetischen Kennwerte zu erfassen. In 6.3 erfolgt eine Übertragung der Erkenntnisse auf Bohrprozesse welche mit variierten Kühlschmierstrategien und Schnittwerten prozessiert wurden. Abschließend wurden in 6.4 die zuvor ermittelten Wechselwirkungen zwischen Ermüdungsschädigung, Eigenspannung und mikromagnetischen Kennwerten in modellbasierte Mikromagnetik-Korrelationen übertragen.

Inhalte dieses Kapitels basieren zum Teil auf Vorveröffentlichungen [149,150,156,165–168] und den studentischen Arbeiten [158,159,169–173].

N. Baak, *Mikromagnetische Charakterisierung des Ermüdungsverhaltens und der Eigenspannungsrelaxation tiefgebohrter Proben des Vergütungsstahls 42CrMo4*, Werkstofftechnische Berichte | Reports of Materials Science and Engineering, https://doi.org/10.1007/978-3-658-41679-9_6

6.1 Charakterisierung des Ausgangszustands

Zunächst erfolgte eine Charakterisierung der Einflüsse der variierten Bohrparameter auf die durch die Tiefbohrungen erzeugten Randschichtzustände.

6.1.1 Mikrostrukturuntersuchungen

Zur Identifizierung des Einflusses der Vorschubgeschwindigkeit auf die Mikrostruktur der Bohrungsrandzone wurden lichtmikroskopische Untersuchungen an Schliffen aus S110, sowohl in Schnittrichtung als auch in Vorschubrichtung, durchgeführt. Die Ergebnisse der lichtmikroskopischen Untersuchungen sind in Abbildung 6.1 dargestellt. Es ist zu erkennen, das bei allen Vorschubgeschwindigkeiten eine Umformung des Gefüges in Schnittrichtung erfolgt. Eine solche Vorzugsorientierung ist in Vorschubrichtung nicht zu erkennen. Die Vorschubgeschwindigkeiten $f = 0{,}05$ und $0{,}15$ mm weisen WEL auf. Im Fall von $f = 0{,}05$ mm ist ein dunkel anätzender Saum unterhalb des WEL zu erkennen, der darauf schließen lässt, dass es sich dabei um einen thermisch induzierten WEL handelt. Thermisch induzierte WEL neigen zu Versprödung und Bildung von Zugeigenspannungen [155]. Es ist zu beobachten, dass einzelne Teile des WEL aus der Oberfläche herausbrechen. Während sich im Querschliff eine zumeist glatte ebene Oberfläche zeigt, ist im Längsschliff eine größere Anzahl an Ungänzen festzustellen. Dabei ist festzustellen, dass bei den Vorschüben $f = 0{,}05$ und $0{,}15$ mm über die gesamte Länge gleichmäßig Oberflächendefekte auftreten. Bei $f = 0{,}10$ mm treten diese nur vereinzelt auf, sind dann allerdings ausgeprägter.

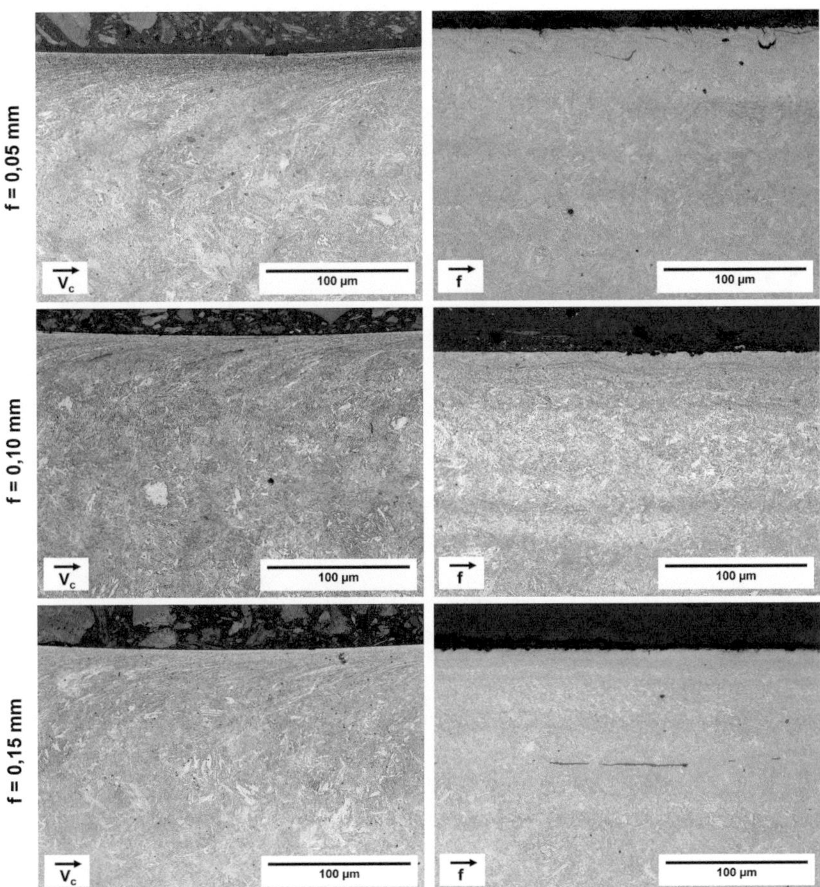

Abbildung 6.1 Lichtmikroskopische Gefügeaufnahmen der Ausgangszustände bei variiertem Vorschub f; links in Schnittrichtung, rechts in Vorschubrichtung, S110

In Abbildung 6.2 sind rasterelektronenmikroskopische Aufnahmen der Bohrungsrandzone im Querschliff gezeigt. Neben der schon in den lichtmikroskopischen Aufnahmen erkennbaren Umformung der Randzonen sind hier die Breiten dieser Bereiche besser zu quantifizieren. In Rot wurden die Tiefen der durch die Umformung beeinflussten Bereiche eingezeichnet. Es ist zu erkennen, dass die Randzonen mit den Vorschüben f = 0,05 und 0,10 mm vergleichbar weit umgeformt wurden, wohingegen die umgeformte Randzone der mit $f = 0,15$ mm gebohrten Probe signifikant geringer ist.

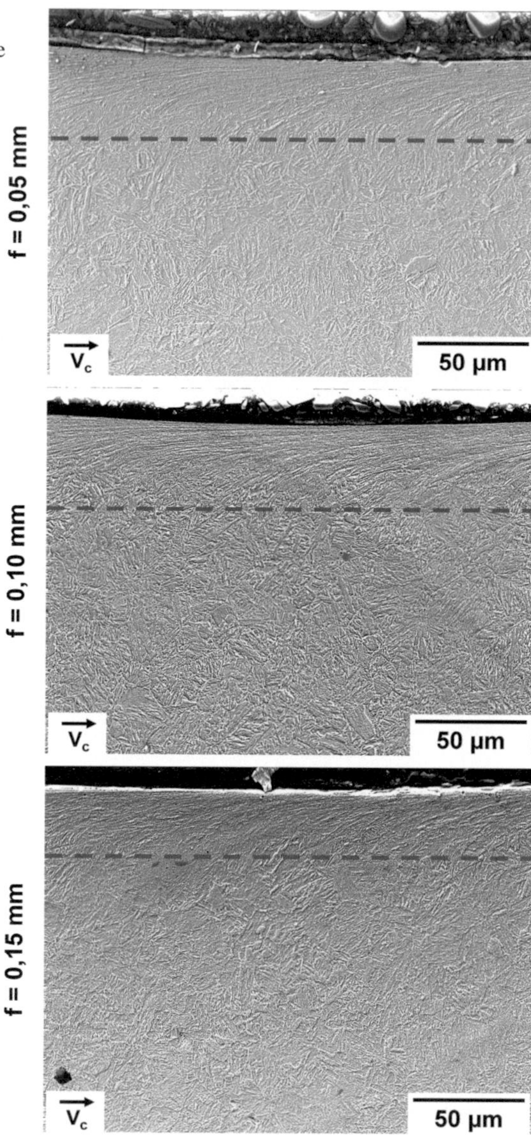

Abbildung 6.2
Rasterelektronenmikroskopische Gefügeaufnahmen am Querschliff der Ausgangszustände bei variiertem Vorschub f, S110 nach [150]

In Abbildung 6.3 ist eine-EBSD Aufnahme einer S110-Probe, gebohrt mit dem Vorschub f = 0,10 mm in Vorschubrichtung, dargestellt. In Rot ist die Bohrungsoberfläche eingezeichnet. Hier ist wie zuvor bereits auf den licht- und rasterelektronenmikroskopischen Aufnahmen zu sehen, eine Verformung des Gefüges in Schnittrichtung zu erkennen. Darüber hinaus tritt im Bereich der Randzone eine Kornfeinung auf. Direkt an der Bohrungsrandzone sind die Körner nicht mehr auflösbar.

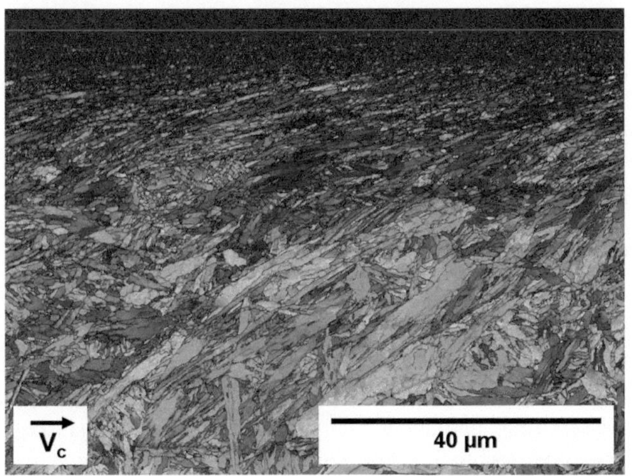

Abbildung 6.3 EBSD-Aufnahme am Querschliff des Ausgangszustands mit dem Vorschub f = 0,10 mm, S110

Diese Kornfeinung ist im Gegensatz zu den Ergebnissen der lichtmikroskopischen Aufnahmen mit Hilfe der EBSD-Scans auch in Vorschubrichtung (Abbildung 6.4) zu erkennen. Der durch die Umformung beeinflusste Bereich scheint weniger tiefgreifend ausgeprägt zu sein.

Abbildung 6.4 EBSD-Aufnahme am Längsschliff des Ausgangszustands mit dem Vorschub f = 0,10 mm, S110

In den EBSD-Aufnahmen sind zwei Aspekte zu erkennen. Einerseits kommt es zu einem Strecken der Körner in Schnittrichtung, das zu einer Verringerung des Korndurchmessers führt und andererseits kommt es durch die starke Verformung zur Bildung von Versetzungen. Die resultierende hohe Versetzungsdichte führt unter den im Bohrprozess wirkenden erhöhten Temperaturen zu einer Rekristallisation, die in einer weiteren Kornfeinung resultiert. Dieser Vorgang ist als severe plastic deformation (SPD) bekannt [24,25].

6.1.2   Härtemessungen

In Abbildung 6.5 ist die Beeinflussung der Bohrungsrandzone durch die variierten Schnittwerte mit Hilfe von Mikrohärtemappings dargestellt. Es ist direkt zu erkennen, dass die tiefgreifendste Beeinflussung durch den Bohrprozess mit dem Vorschub f = 0,10 mm erfolgte. So sind hier sowohl die höchsten, in Rot dargestellten Härtewerte von über 400 HV0,01 gemessen worden, als auch der breiteste Bereich der Härtesteigerung. Vergleichbare maximale Härtewerte und eine nur leicht geringere Breite des beeinflussten Bereichs sind bei der Probe, die mit dem geringeren Vorschub von f = 0,05 mm gebohrt wurde, gemessen worden. Der Vorschub f = 0,15 mm erzeugt nur eine sehr schmale Beeinflussung der Randzone, welche auch nicht die hohen Härtewerte der anderen Varianten erreicht. Zu bedenken ist, dass der erste Eindruck erst 10 μm unterhalb der Bohrungswand gemacht werden konnte und somit nicht die komplette Randzone betrachtet wird.

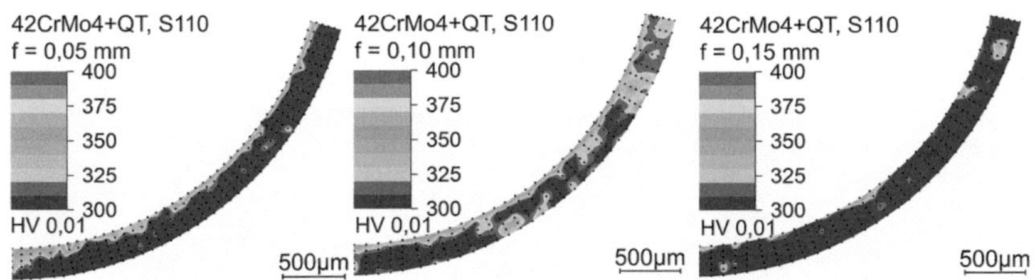

Abbildung 6.5 Härtemappings am Querschliff der Ausgangszustände bei variiertem Vorschub f, S110 [150]

Die Ergebnisse der Härtemessung lassen darauf schließen, dass der Vorschub f = 0,10 mm die besten mechanischen Eigenschaften hervorrufen wird, da mit der Steigerung der Härte auch eine Festigkeitssteigerung einhergeht und diese im weitesten Bereich des Probenquerschnitts vorliegt.

6.1.3 Eigenspannungsmessung

<u>Spannungsabbau durch den Trennprozess</u>
Die durch den Bohrprozess eingebrachten Eigenspannungen wurden mit Hilfe verschiedener röntgendiffraktometrischer Messanordnungen bestimmt. Aus geometrischen Gründen muss vor den Beugungsuntersuchungen ein Auftrennen der Proben erfolgen. Dieser Auftrennprozess verändert den Eigenspannungszustand in den Bauteilen, da eine Verformung des Bauteils ermöglicht und damit das Spannungsgleichgewicht gestört wird. Um eine Abschätzung über die Höhe dieser Beeinflussung zu erlangen, wurden drei Untersuchungen durchgeführt. Zunächst wurde eine Probe mittels Dehnungsmessstreifen instrumentiert und anschließend zunächst die verjüngte Messlänge herausgetrennt. Anschließend wurde das Probenstück längs aufgetrennt, um dadurch den Eingriff in das Spannungsgewicht nachzustellen. In radialer Richtung wurde nach dem Trennvorgang eine Dehnung von 50,9 μm/m und in axialer Richtung von 25,1 μm/m festgestellt. Dies entspricht nach dem Hooke'schen Gesetz, unter Annahme eines E-Moduls von 210 GPa, einer Spannungsrelaxation von ca. 10 MPa in radialer Richtung und ca.

5 MPa in axialer Richtung. Gleichzeitig wurden die Bohrungsdurchmesser vor und nach dem Längsschnitt mithilfe eines Videomikroskops ausgewertet (Abbildung 6.6). Der Bohrungsdurchmesser nimmt von $r_B = 2500$ µm auf 2495 µm ab. Auch dies spricht für einen Abbau radialer Druckeigenspannungen an der Außenseite in Verbindung mit einem Anstieg der Druckeigenspannungen an der Innenseite der Bohrung.

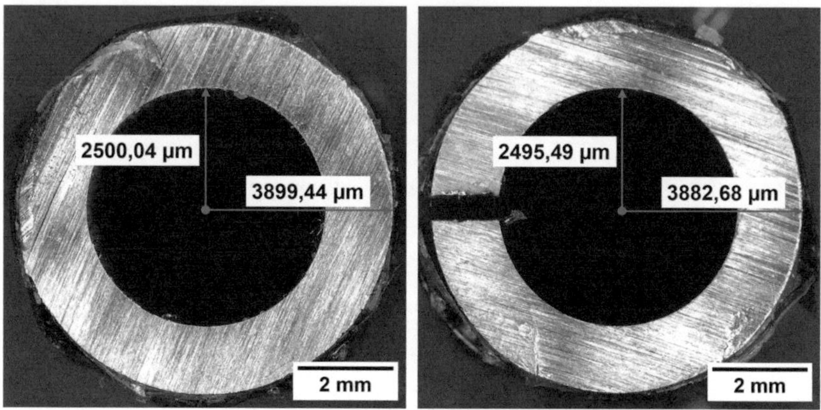

Abbildung 6.6 Lichtmikroskopische Aufnahmen des Querschnitts der Bohrproben vor (links) und nach (rechts) dem Auftrennen, f = 0,10 mm, S190

Weiterhin wurde der Eigenspannungszustand an der Außenseite der Probe vor und nach dem Trennvorgang rötgendiffraktometrisch erfasst. Es wurde ein XRD in cosα-Konfiguration mit einem Kollimatordurchmesser von $ø_K = 0,2$ mm genutzt. In axialer Richtung konnte ein Anstieg der Druckeigenspannungen um 13 MPa von $\sigma_{ES,a} = -337$ MPa auf $\sigma_{ES,a} = -350$ MPa festgestellt werden. In tangentialer Richtung steigen die Druckeigenspannungen um 23 MPa von $\sigma_{ES,t} = -314$ MPa vor dem Auftrennen auf $\sigma_{ES,t} = -337$ MPa nach dem Auftrennen.

Es konnte gezeigt werden, dass sich die Druckeigenspannungen an der Außenseite der Probe relaxieren und durch die Verformung die Eigenspannungen an der Innenseite aufbauen. Allerdings sind die durch den Trennvorgang relaxierten bzw. aufgebauten Eigenspannungen so gering, dass sie unterhalb der Messunsicherheit der röntgendiffraktometrischen Verfahren liegen und daher im weiteren Verlauf der Arbeit vernachlässigt werden.

<u>Einfluss des Vorschubs</u>

Die Bestimmung der Eigenspannungstiefenverläufe an den Proben im Ausgangszustand wurde zunächst mit einem XRD in $\sin^2\psi$-Anordnung mit ein Kollimatordurchmesser von $\varnothing_K = 0{,}5$ mm (Abbildung 6.7) durchgeführt. Es ist zu erkennen, dass der Spannungsverlauf für alle drei Bohrparametervarianten vergleichbar ist. So bilden sich in der Randzone Druckeigenspannungen in einer Höhe zwischen $\sigma_{ES,a} = -600$ MPa und -700 MPa. Diese Spannungen bauen sich bis auf etwa $\sigma_{ES,a} = -250$ MPa in einer Tiefe von 40 µm ab. Dabei ist der Spannungsgradient in der mit $f = 0{,}15$ mm gebohrten Probe geringfügig flacher.

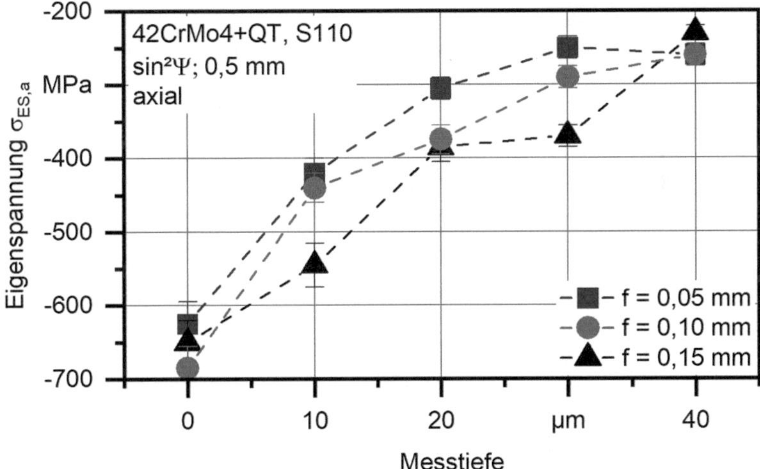

Abbildung 6.7 Eigenspannungstiefenverläufe in axialer Richtung bei variiertem Vorschub f, $\sin^2\psi$-XRD, S110 [150]

Die Messungen wurden mit einem XRD in $\cos\alpha$-Konfiguration wiederholt. Dafür wurde ein geringerer Kollimatordurchmesser von $\varnothing_K = 0{,}3$ mm genutzt (Abbildung 6.8). Qualitativ ist ein vergleichbarer Eigenspannungstiefenverlauf zu erkennen, allerdings liegen die maximalen Randspannungen etwa 100 MPa höher im Bereich zwischen $\sigma_{ES,a} = -500$ und -600 MPa. Weiterhin ist nun die Tendenz eines flacheren Eigenspannungstiefenverlaufs der mit $f = 0{,}10$ mm gebohrten Probe nicht mehr festzustellen.

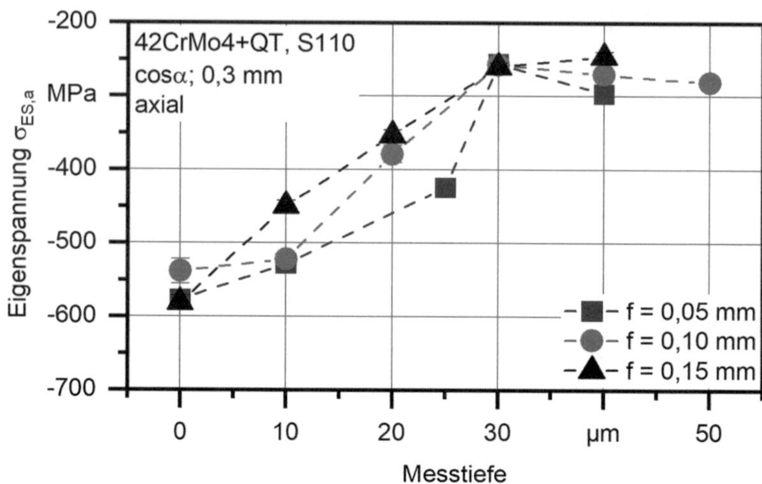

Abbildung 6.8 Eigenspannungstiefenverläufe in axialer Richtung bei variiertem Vorschub f, cosα-XRD, S110

Die oberflächennahen Eigenspannungsmessungen wurden in einem dritten Aufbau wiederholt. Hierzu wurde eine $\sin^2\psi$-Anordnung und ein Kollimator mit einem Durchmesser von $\emptyset_K = 0{,}12$ mm verwendet. Die Ergebnisse sind Tabelle 6.1 zu entnehmen. Diese Messung ergab ebenfalls Druckeigenspannungen zwischen etwa -560 und -610 MPa. Ein steigender Vorschub führte zu geringeren Eigenspannungen. Darüber hinaus konnten mit dem geringeren Kollimatordurchmesser und dem damit verbundenen geringeren Brennfleck die tangentialen Eigenspannungen ermittelt werden. Hier zeigt sich ein signifikanter Unterschied, so weisen die mit höheren Vorschüben $f = 0{,}10$ und $0{,}15$ mm gebohrten Proben Eigenspannungen in einer Höhe von etwa -400 MPa, wohingegen die Probe mit dem Vorschub $f = 0{,}05$ mm ca. -300 MPa aufweist.

Tabelle 6.1 Oberflächennahe Eigenspannungen bei variiertem Vorschub f, $\sin^2\psi$-XRD mit Kollimatordurchmesser $\text{\o}_\text{K} = 0{,}12$ mm, S110

Vorschub	Axial		Tangential	
	Spannung	**Abweichung**	**Spannung**	**Abweichung**
0,05 mm	-609 MPa	±23 MPa	-295 MPa	±31 MPa
0,10 mm	-592 MPa	±18 MPa	-429 MPa	±23 MPa
0,15 mm	-562 MPa	±25 MPa	-391 MPa	±25 MPa

Zusammenfassend lässt sich sagen, dass sich mit Hilfe des Einlippen-Tiefbohrprozesses zuverlässig die gewünschten Druckeigenspannungen einbringen lassen. Die Vorschubgeschwindigkeit beim Tiefbohren hat allerdings keinen signifikanten Einfluss auf die Höhe sowie die Tiefenverteilung der axialen Eigenspannungen. Ein Einfluss der Bohrparametervariation lässt sich allerdings in den tangentialen Eigenspannungen feststellen.

Die in Abbildung 6.9 dargestellten Halbwertsbreiten (FWHM) der gemessenen Beugungspeaks sind ein Indikator für die Versetzungsdichte und damit für die im Bauteil vorliegende Verformung [28]. Es ist zu erkennen, dass die Verformung in Tiefenrichtung abnimmt und das mit FWHM $= 3{,}5°$ die größten Halbwertsbreiten und damit Verformungen in den mit einem Vorschub von f $= 0{,}10$ mm und f $= 0{,}15$ mm gebohrten Proben festzustellen sind. Die mit dem geringen Vorschub gebohrten Proben zeigten oberflächennah mit FWHM $= 3{,}3°$ niedrigere Werte. In der Tiefe fällt jedoch die mit dem höchsten Vorschub f $= 0{,}15$ mm gebohrte Probe stärker ab, als die mit f $= 0{,}05$ mm und f $= 0{,}10$ mm gebohrten Proben, welche in der Tiefe ein vergleichbares Verhalten aufweisen. Dies zeigt, dass die Verformung der Randschicht mit der in Abbildung 6.2 gezeigten Dicke der Randschicht korreliert. So ist auch hier der verformte Bereich mit dem höchsten Vorschub am schmalsten und die mit geringeren Vorschüben ähnlich breit, jedoch zeigt sich, dass auch unterhalb der im REM ersichtlichen Schichten noch Bereiche höhere Verformungen vorhanden sind.

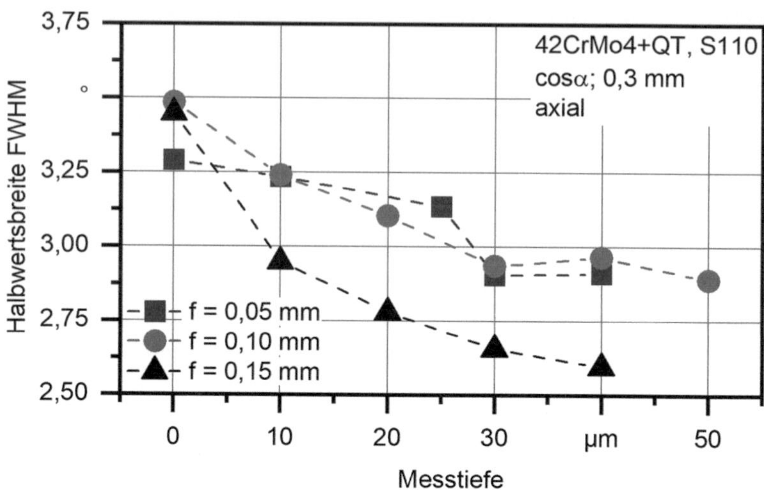

Abbildung 6.9   Halbwertsbreiten-Tiefenverläufe in axialer Richtung bei variiertem Vorschub f, cosα-XRD, S110

6.1.4   Barkhausenrauschen-Messungen

Die Charakterisierung der Randschicht erfolgte zerstörungsfrei mit dem angepassten Barkhausenrauschen-Innenbohrungssensor. Es wurden die charakteristischen Parameter Koerzitivfeldstärke Φ_{cm} sowie die maximale Barkhausenrauschen-Amplitude M_{max} betrachtet. In Abbildung 6.10 ist Φ_{cm} für die mit unterschiedlichen Vorschüben gebohrten Proben dargestellt. Es ist zu erkennen, dass die Proben, die mit den geringeren Vorschüben f = 0,05 und 0,10 mm gebohrt wurden, vergleichbare Koerzitivfeldstärken um Φ_{cm} =7,5 µVs zeigen, wohingegen Φ_{cm} der Probe mit f = 0,15 mm mit Φ_{cm} =6,6 µVs signifikant geringer ist. Dies kann in der Härte der Randschichten begründet werden. Wie in Abbildung 6.5 gezeigt, sind die Härteverläufe der mit den geringeren Vorschüben gebohrten Proben vergleichbar, während die Randschicht der f = 0,15 mm Probe weicher ist. Diese Korrelation konnte auch von Franco et al. [115] und Santa-aho et al. [96] beobachtet werden.

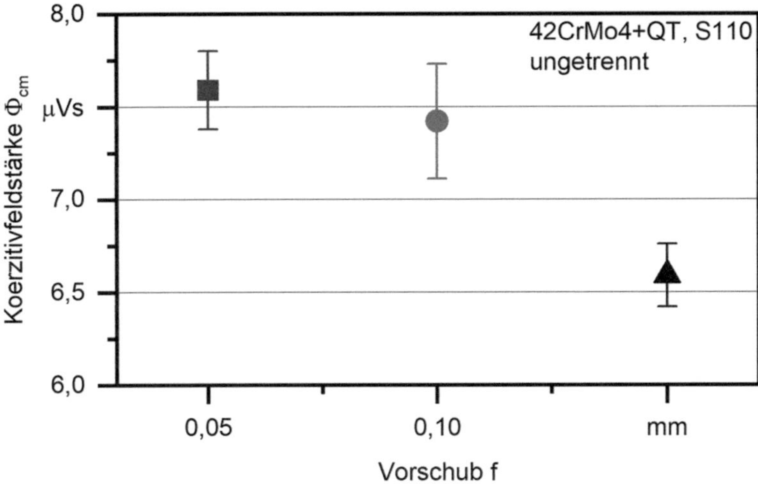

Abbildung 6.10 Vergleich der Koerzitivfeldstärke Φ_{cm} bei variiertem Vorschub f, S110

Die Höhe von M_{max} der drei Varianten in Abbildung 6.11 zeigt keinen Einfluss durch den variierten Vorschub. M_{max} liegt hier bei allen Vorschüben bei 26 mV. Dies legt nahe, dass M_{max}, wie auch in [92–94] dargelegt, mit den in Abbildung 6.7 und Abbildung 6.8 gezeigten Eigenspannungen korreliert.

Weiterhin fand eine Bestimmung der Tiefeninformationen über eine Variation der Bandpassfilter-Frequenz statt. Die Untersuchungen erfolgten im Bohrzustand und im zur XRD-Messung aufgetrennten Zustand, siehe Abbildung 6.12. Es ist zu erkennen, dass eine Variation von f_{BP} keinen signifikanten Einfluss auf die Koerzitivfeldstärke Φ_{cm} hat. Die Abweichung der drei Kurven verändert sich über den weiten Frequenzbereich zwischen 4–8 kHz und 128–256 kHz nicht. Bei Bandpassfilter-Frequenzen unterhalb von 4–8 kHz kommt es zu einem starken Abfall des Messwertes, verbunden mit einem starken Anstieg der Standardabweichung. Dies ist auf eine nicht ausreichende Magnetisierung und damit verbundene Schwierigkeiten bei der Bestimmung der Peakposition zurückzuführen.

In Abbildung 6.13 ist M_{max} mit variierter Bandpassfilter-Frequenz für die variierten Vorschübe dargestellt. Es ist zu erkennen, dass eine Separierung der drei Proben mit steigender Frequenz ermöglicht wird. Im Gegensatz zu den Standardmessparametern führen höhere Frequenzen zu geringere Eindringtiefen. Dadurch können die Einflüsse der Bohrparametervariationen, die sich vor allem in der Randschicht niederschlagen, ermittelt werden.

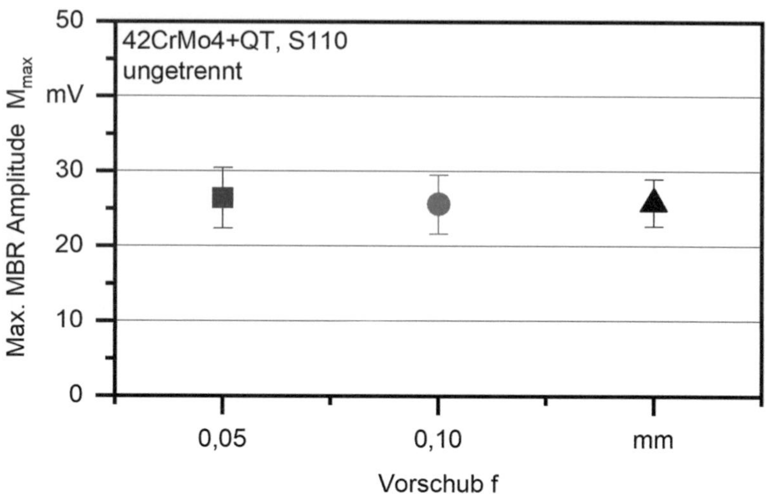

Abbildung 6.11   Vergleich der maximalen Barkhausenrauschen-Amplitude M_{max} bei variiertem Vorschub f, S110

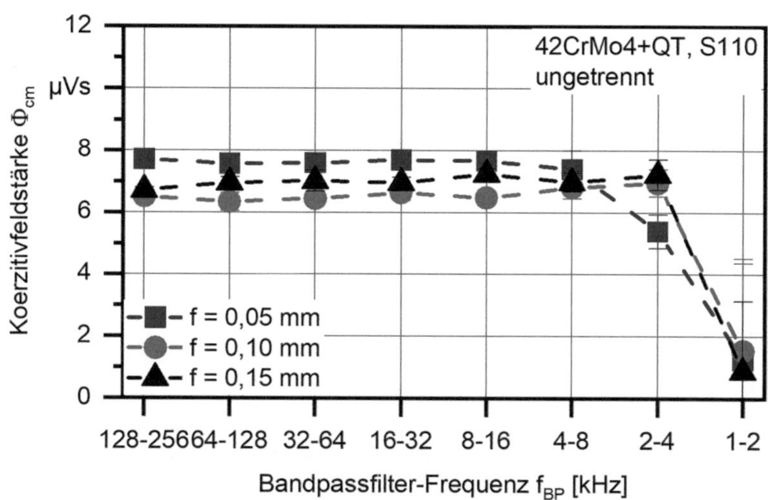

Abbildung 6.12   Koerzitivfeldstärke Φ_{cm} bei quadratisch variierter Bandpassfilter-Frequenz f_{BP} an ungetrennten Proben bei variiertem Vorschub f, S110

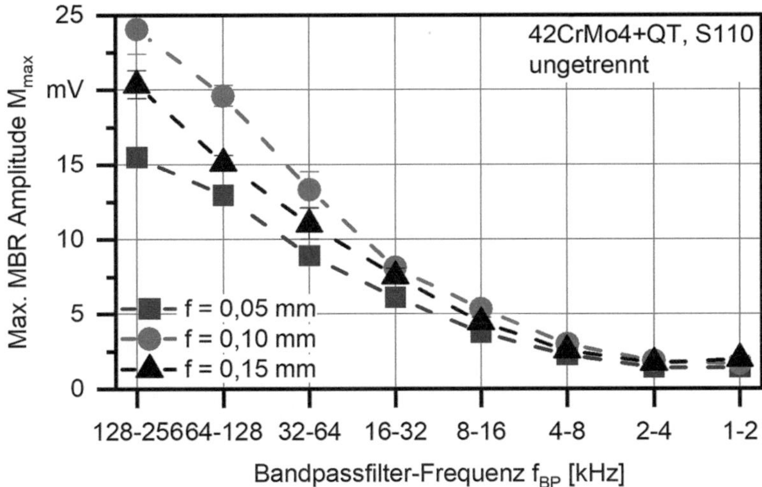

Abbildung 6.13 Maximale Barkhausenrauschen-Amplitude M_{max} bei quadratisch variier-ter Bandpassfilter-Frequenz f_{BP} an ungetrennten Proben bei variiertem Vorschub f, S110

Die Messungen mit variierten Bandpassfilter-Frequenzen wurden an für die XRD-Messungen aufgetrennten Proben wiederholt. In Abbildung 6.14 sind die Ergebnisse für die Koerzitivfeldstärke Φ_{cm} und in Abbildung 6.15 die Ergebnisse für die maximale Barkhausenrauschen-Amplitude M_{max} dargestellt. Es ist in beiden Darstellungen zu sehen, dass es durch den Auftrennprozess zu einer Veränderung der Barkhausenrauschen-Kenngrößen gekommen ist. Die Ursache dieser Veränderungen müssen auf zwei Aspekte zurückgeführt werden. Einerseits kann es durch den Auftrennprozess zu einer Veränderung der Bauteileigenschaften kommen. So werden bspw. Eigenspannungen durch Verformung abgebaut und es kann unter Umständen in Folge des Trennvorgangs zu thermisch oder mechanisch bedingten Mikrostrukturänderungen kommen. Andererseits kommt es durch die nun veränderte Probenform dahingehend zu einer Änderung der Messsituation, dass sich die Ausprägung des Magnetfelds und in Folge dessen das Barkhausenrauschen-Signal ändert.

Nach dem Trennvorgang sind die Vorschübe f $=$ 0,10 und 0,15 mm nicht mehr mit Hilfe der Koerzitivfeldstärke Φ_{cm} zu separieren. Außerdem sinken die absolute Werte von ca. 7 µVs auf 5 µVs.

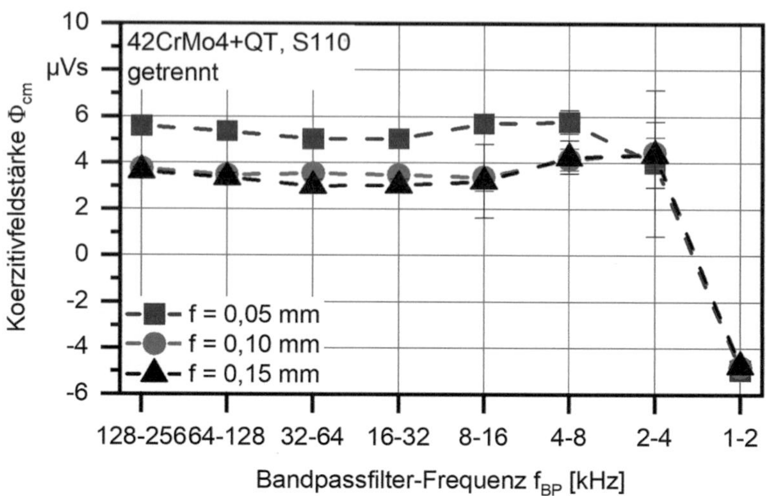

Abbildung 6.14 Koerzitivfeldstärke Φ_{cm} bei quadratisch variierter Bandpassfilter-Frequenz f_{BP} an getrennten Proben bei variiertem Vorschub f, S110

Durch den Trennvorgang kommt es bei der max. Barkhausenrauschen-Amplitude M_{max} in etwa zu einer Verdopplung. Weiterhin verändern sich die Höhen der Messwerte zueinander, sodass nun lediglich noch eine Separierung der Probe mit dem mittleren Vorschub von f = 0,10 mm von den anderen Vorschüben möglich ist.

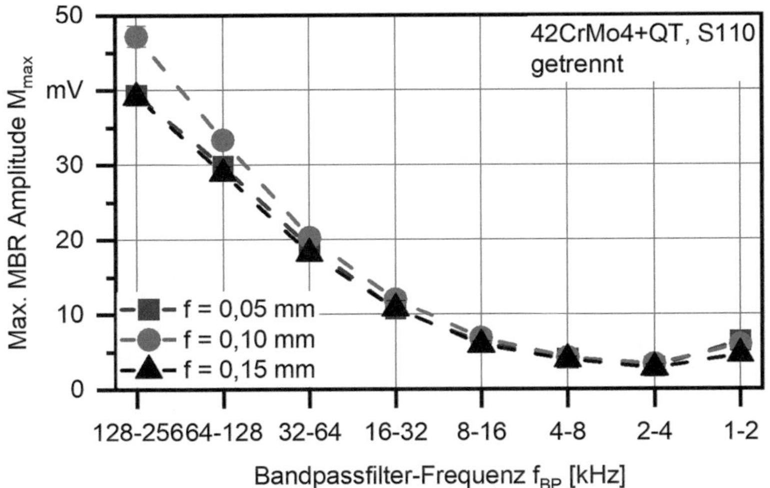

Abbildung 6.15 Maximale Barkhausenrauschen-Amplitude M_{max} bei quadratisch variierter Bandpassfilter-Frequenz f_{BP} an getrennten Proben gebohrt bei variiertem Vorschub f, S110

6.2   Ermüdungsversuche

Um den Einfluss der Bohrparametervariation auf das Ermüdungsverhalten beurteilen zu können, sowie die Entwicklung der Ermüdungsschädigung mittels mikromagnetischer Verfahren zu überwachen, wurden verschiedene Arten von Ermüdungsversuchen durchgeführt.

6.2.1   Mechanische Untersuchungen

Die Leistungsfähigkeit der mit unterschiedlichen Vorschüben gebohrten Proben wurde mithilfe von Laststeigerungsversuchen (LSV) abgeschätzt. Charakteristisch für die Ermüdungsfestigkeit ist neben der Bruchspannungsamplitude $\sigma_{a,B}$ vor allem der Übergang der linearen Entwicklung der Werkstoffreaktionsgrößen zu einem exponentiellen Wachstum. In Abbildung 6.16 ist die Entwicklung der plastischen Dehnungsamplitude $\varepsilon_{a,p}$ und der Temperaturänderung ΔT einer Probe aus S110, gebohrt mit dem Vorschub f $= 0,10$ mm im LSV dargestellt. Es wird nur ein Ausschnitt des Versuches gezeigt, um die Werkstoffreaktionsgrößen besser bewerten zu können. Es ist zu erkennen, dass neben der Bruchspannungsamplitude von $\sigma_{a,B}$ eine erste Werkstoffreaktion von $\varepsilon_{a,p}$ in der Laststufe 450 MPa auftritt. Nachfolgend steigt auch ΔT ab der Laststufe 460 MPa. Da $\varepsilon_{a,p}$ die früheste Reaktion auf die Ermüdungsschädigung aufweist, wird diese Messgröße im Folgenden betrachtet.

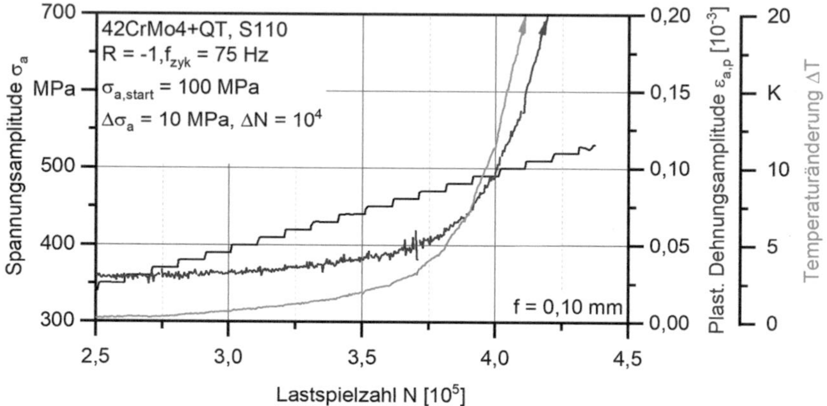

Abbildung 6.16 Laststeigerungsversuch an einer Probe gebohrt mit einem Vorschub von f = 0,10 mm, S110 [165] Reproduced with permission from Springer Nature

In Tabelle 6.2 sind die Bruchlastspielzahlen der LSV aufgeführt, je Vorschub wurden zwei Versuche durchgeführt. In den Bruchlastspielzahlen sind keine eindeutigen Tendenzen feststellbar. So ist für alle Vorschübe mindestens einmal eine Bruchspannung von $\sigma_{a,B} = 530$ MPa erreicht worden. Bei einem Vorschub von f = 0,05 mm einmal nur 520 MPa und für einen Vorschub von 0,10 mm einmal nur 510 MPa.

Tabelle 6.2
Bruchlastspielzahlen der Laststeigerungsversuche bei variiertem Vorschub f, S110

Vorschub [mm]	Bruchspannungsamplitude $\sigma_{a,B}$	
0,05 mm	520 MPa	530 MPa
0,10 mm	530 MPa	510 MPa
0,15 mm	530 MPa	530 MPa

In Abbildung 6.17 sind vergleichend die Entwicklungen der plastischen Dehnungsamplituden im LSV der mit variierendem Vorschub gebohrten Proben dargestellt. Es ist zu erkennen, dass die Proben mit einem Vorschub von f = 0,05 und 0,15 mm eine vergleichbare Entwicklung nehmen. So ist zunächst ein langer linearer Anstieg zu erkennen, gefolgt von einem exponentiellen Anstieg vor dem Bruch. Zum Übergang vom linearen zum exponentiellen Anstieg kommt es beim Vorschub f = 0,05 mm in der Laststufe 400 MPa und für f = 0,15 mm bei 430 MPa. Für den Vorschub f = 0,10 mm kommt es nach dem initialen, mit den anderen Proben vergleichbaren, linearen Anstieg zwischen 250 MPa und 400 MPa zu einem Plateau ohne Veränderung des plastischen Anteils der Dehnung. Anschließend folgt ein linearer Anstieg bis 450 MPa. Vor dem Bruch kommt es zu einem finalen exponentiellen Anstieg.

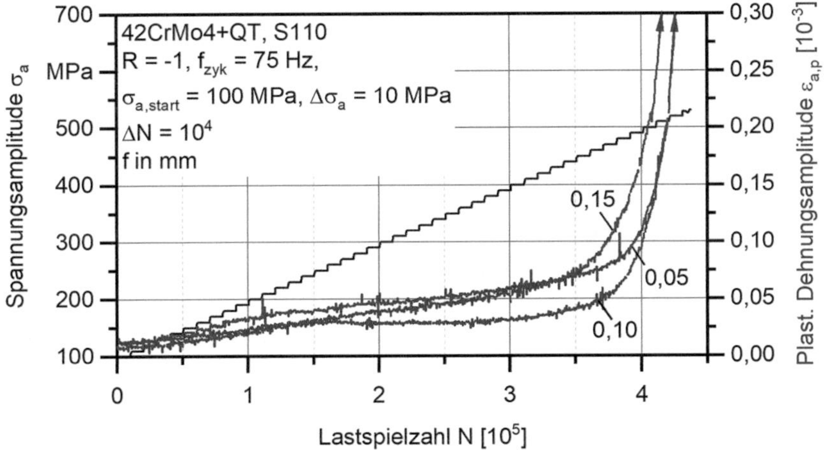

Abbildung 6.17 Wechselverformungskurven im Laststeigerungsversuch bei variiertem Vorschub f, S110

Nachfolgend wurden für alle Vorschubvarianten Einstufenversuche (ESV) durchgeführt. In Abbildung 6.18 sind die Bruchlastspielzahlen der drei Bohrparametervariationen auf vier Lasthorizonten dargestellt. Es ist zu erkennen, dass die Vorschübe f = 0,05 und 0,15 mm, wie zuvor im LSV, zu vergleichbarem Ermüdungsverhalten führen. Die Probe mit Vorschub f = 0,10 mm zeigt ein anderes Verhalten. So ist mit einer Bruchlastspielzahl von $N_B = 2 \cdot 10^4$ bei einer hohen Spannungsamplitude von $\sigma_a = 500$ MPa nur etwa ein Drittel der Bruchlastspielzahl der anderen Bohrparameter-Varianten erreicht worden. Auf einem mittleren Lastniveau von $\sigma_a = 475$ MPa stellt sich in allen Varianten eine vergleichbare Bruchlastspielzahl ein. Bei einer Spannungsamplitude $\sigma_a = 450$ MPa zeigen die Proben mit Vorschub $f = 0{,}10$ mm die höchste Bruchlastspielzahl. So erreichen die Proben teilweise $3 \cdot 10^5$ Lastspiele oder ertragen die Grenzlastspielzahl $N_{grenz} = 10^7$. Die Grenzlastspielzahl wird bei einer Spannungsamplitude von $\sigma_a = 400$ MPa von allen Bohrparametervarianten erreicht.

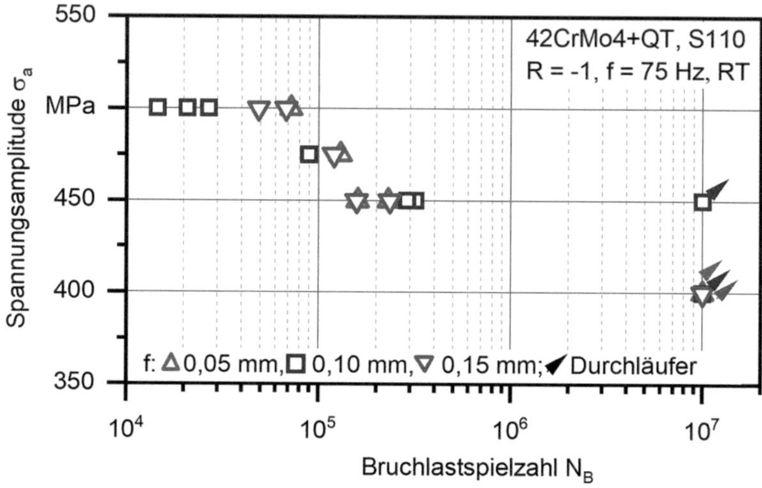

Abbildung 6.18 Wöhlerdiagramm bei variiertem Vorschub f, S110

6.2.2 Intermittierende Versuche

Zur Charakterisierung des Ermüdungsverhaltens mit Hilfe des Barkhausenrauschens wurden ESV mit variierenden Spannungsamplituden durchgeführt und nach bestimmten Lastspielzahlen unterbrochen, um Messungen mit dem Innenbohrungssensor vorzunehmen. Diese Versuche wurden zudem mit etablierten Messtechniken, zur Überwachung der Dehnung und Temperatur, instrumentiert.

Für die Spannungsamplitude $\sigma_a = 450$ MPa wurden die Versuche im Ausgangszustand, bei 10^4 und 10^5 Lastspielen unterbrochen. Die Entwicklung der plastischen Dehnungsamplitude $\varepsilon_{a,p}$ ist in Abbildung 6.19 dargestellt. Es zeigen sich trotz der Unterbrechungen recht stetige Verläufe, welche nach der erreichten

Bruchlastspielzahl gestaffelt sind. So weist die Probe mit der geringsten erreichten Bruchlastspielzahl f = 0,05 mm den stärksten Anstieg in der plastischen Dehnungsamplitude auf. Bei den weiteren Proben zeigt sich, dass eine geringere plastische Dehnung zu einer steigenden Bruchlastspielzahl führt. Zudem ist zu sehen, dass die in diesen intermittierenden Versuchen erreichten Bruchlastspielzahlen mit den in kontinuierlichen Versuchen erreichten Bruchlastspielzahlen vergleichbar sind.

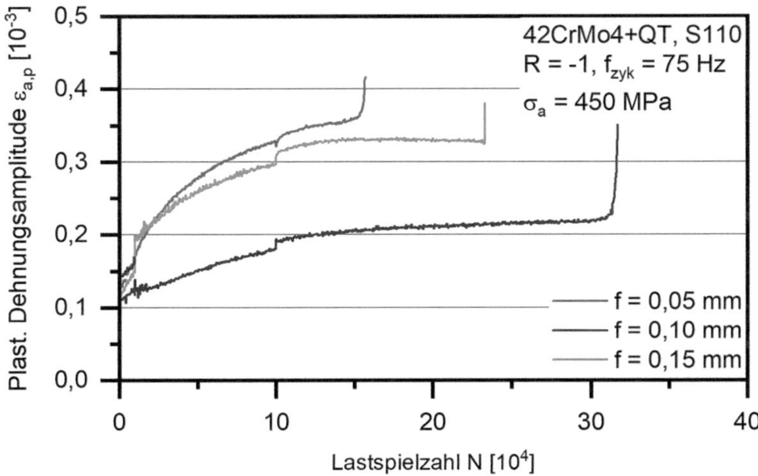

Abbildung 6.19 Entwicklung der plastischen Dehnungsamplitude bei Ermüdungsversuchen mit 450 MPa bei variiertem Vorschub f, S110

Um eine höhere Dichte der Messdaten zu erhalten, wurden die Versuche für σ_a = 450 MPa nach der Messung im Ausgangszustand alle 10^4 Lastspiele für Barkhausenrauschen-Messungen unterbrochen. In Abbildung 6.20 ist die Entwicklung der plastischen Dehnungsamplitude für dieses Lastniveau dargestellt. Auch auf diesem Beanspruchungsniveau sind die mit den kontinuierlichen Versuchen vergleichbaren Bruchlastspielzahlen erreicht worden. Bei der Bewertung der Entwicklung der plastischen Dehnungsamplitude ist zu beachten, dass die Skalierung der x-Achse, aufgrund der höheren zu erwartenden Werte, fünfmal so groß ist. Eine Korrelation zwischen der plastischen Dehnungsamplitude und der erreichten Bruchlastspielzahl ist nicht möglich.

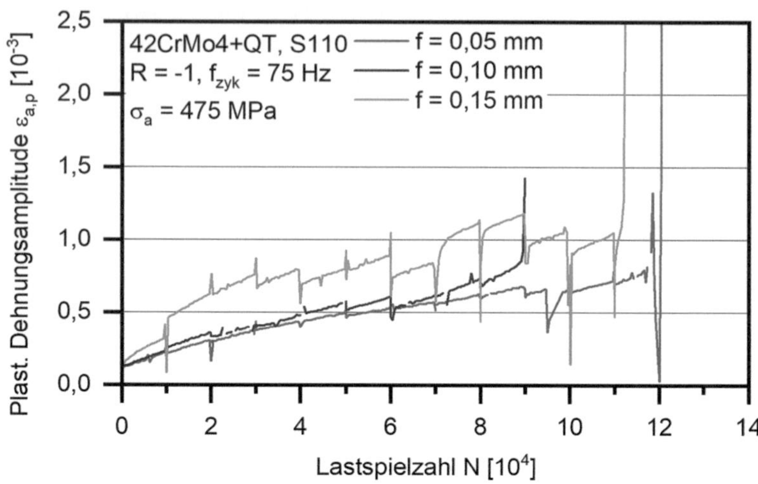

Abbildung 6.20 Entwicklung der plastischen Dehnungsamplitude bei Ermüdungsversuchen mit 475 MPa bei variiertem Vorschub f, S110

Es ist festzuhalten, dass die intermittierende Versuchsführung vergleichbare Ergebnisse wie die kontinuierlichen Versuche liefert. Es kann davon ausgegangen werden, dass die Entwicklung der mikromagnetischen Kennwerte in den intermittierenden Versuchen für das generelle Verhalten unter Ermüdungsbelastung repräsentativ ist.

Nachfolgend ist die Entwicklung der Barkhausenrauschen-Parameter dargestellt. Zur besseren Vergleichbarkeit der Probenvarianten und Spannungsamplituden wurde die Lastspielzahl auf die erreichte Bruchlastspielzahl normiert. Die Reaktion der Koerzitivfeldstärke Φ_{cm} der drei Vorschübe auf eine Ermüdungsbelastung mit einer Spannungsamplitude $\sigma_a = 450$ MPa ist in Abbildung 6.21 dargestellt. Wie bereits in Abschnitt 6.1.3 dargelegt, ist eine initiale Unterscheidung der Vorschübe f = 0,05 und 0,10 mm von f = 0,15 mm möglich. Nach 10^4 Lastspielen ist ein signifikanter Abfall der Werte der Vorschübe f = 0,05 und 0,10 mm zu registrieren. Auch bei der dritten Vorschubvariante ist ein Abfall festzustellen, welcher allerdings weniger stark ausgeprägt ist. Im weiteren Verlauf ist nach 10^5 Lastspielen, welche etwa 40 % der Lebensdauer entsprechen, ein weiterer Abfall zu verzeichnen. Es ist zu bemerken, dass die Steigung zwischen 10^4 und 10^5 Lastspielen bei allen Vorschubvarianten vergleichbar ist.

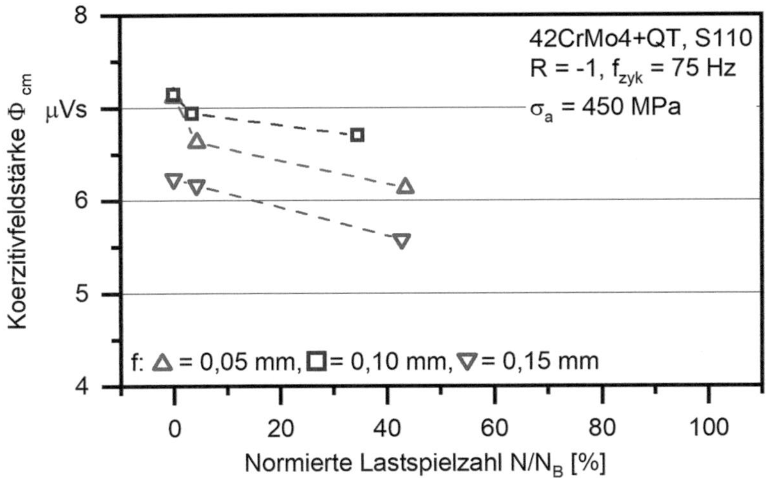

Abbildung 6.21 Entwicklung der Koerzitivfeldstärke Φ_{cm} in Ermüdungsversuchen bei 450 MPa bei variiertem Vorschub f, S110

Die Entwicklung der maximalen Barkhausenrauschen-Amplitude M_{max} ist für die ESV bei σ_a = 450 MPa in Abbildung 6.22 gezeigt. Die Probe mit dem Vorschub f = 0,05 mm scheint von den anderen Varianten unterscheidbar. Eine signifikante Veränderung während der Ermüdungsbelastung ist bei diesem mikromagnetischen Parameter bis ca. 40 % der Lebensdauer, abgesehen von einem geringen Abfall der Probe mit dem Vorschub f = 0,15 mm nach 10^4 Lastspielen, nicht zu erkennen.

Die in Abbildung 6.23 dargestellte Entwicklung der Koerzitivfeldstärke Φ_{cm} für die Spannungsamplitude σ_a = 475 MPa weist im Ausgangszustand die gleiche Korrelation zu den Bohrparametern, wie in Abbildung 6.21 auf. Die Koerzitivfeldstärke der Proben mit Vorschub f = 0,10 und f = 0,15 mm zeigen über den gesamten Versuch einen linearen Abfall mit fortschreitender Ermüdungsdauer. Bei der Probe mit Vorschub f = 0,05 mm kommt es bis zum ersten Messpunkt bei 10^4 Lastspielen zu einem Abfall der Koerzitivfeldstärke Φ_{cm} auf einen Wert unterhalb der mit f = 0,15 mm gebohrten Probe, anschließend sinkt auch dieser Wert linear mit Fortschreiten der Ermüdungsbelastung ab. Es ist zu erwähnen, dass die Streuung der Messwerte im Fall der f = 0,15 mm Probe verglichen mit den beiden weiteren Proben signifikant höher ist.

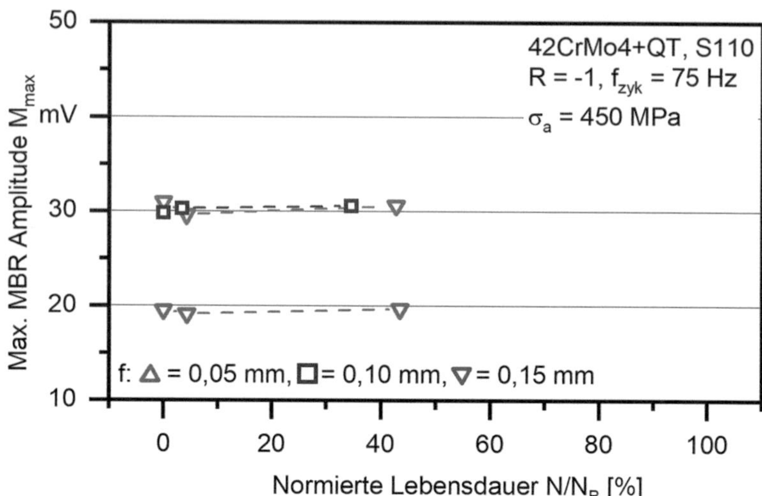

Abbildung 6.22 Entwicklung der maximalen Barkhausen Rauschen Amplitude M_{max} in Ermüdungsversuchen bei 450 MPa bei variiertem Vorschub f, S110

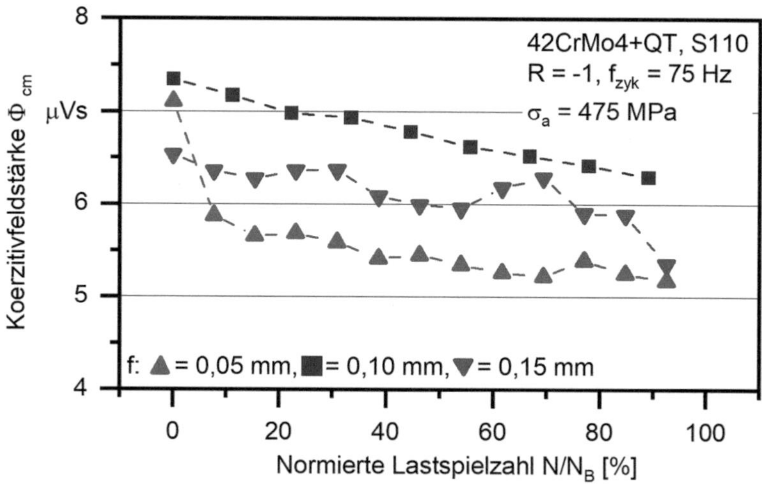

Abbildung 6.23 Entwicklung der Koerzitivfeldstärke Φ_{cm} in Ermüdungsversuchen bei 475 MPa an Proben bei variiertem Vorschub f, S110

Die Entwicklung der maximalen Barkhausenrauschen-Amplitude M_{max} ist in Abbildung 6.24 dargestellt. Es ist zu erkennen, dass der Ausgangszustand dieser Proben nicht eindeutig mit denen bei geringerer Spannungsamplitude vergleichbar ist. So ist der gemessene Wert für die Probe mit Vorschub f = 0,05 mm zwar wie in Abbildung 6.22, aber die beiden weiteren Proben zeigen veränderte, nun ähnliche M_{max}-Werte und lassen sich daher nicht gut voneinander unterscheiden. Die Probe mit f = 0,05 mm zeigt nach einem starken Anstieg zum zweiten Messpunkt einen kontinuierlichen Anstieg bis zum Ende. Die Probe mit f = 0,15 mm zeigt nach einem initialen Abfall nach 10^4 Lastspielen keine weitere Reaktion. Eine Veränderung der Probe mit f = 0,10 mm ist bei diesem Parameter nicht zu sehen.

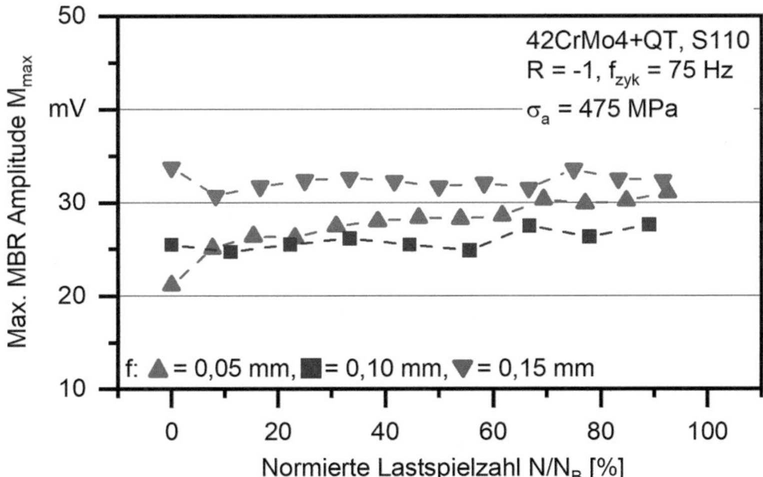

Abbildung 6.24 Entwicklung der maximalen Barkhausen Rauschen Amplitude M_{max} in Ermüdungsversuchen bei 475 MPa an Proben bei variiertem Vorschub f, S110

Diese Untersuchungen unterstreichen, dass die mikromagnetische Charakterisierung, insbesondere bei Betrachtung der Koerzitivfeldstärke, dazu geeignet ist, die Schädigungsevolution im Ermüdungsversuch zu bewerten. Es zeigte sich, dass gerade in den ersten 10^4 Lastspielen häufig eine starke initiale Veränderung der Werte stattfindet, welche sich danach stabilisieren und in einen stetigen Verlauf übergehen.

6.2.3 Definierte Ermüdungszustände

In einem weiteren Schritt wurden Proben mit dem Vorschub f = 0,10 mm auf dem Lastniveau σ_a = 475 MPa bis in definierte Schädigungszustände ermüdet. Dabei wurde basierend den vorhergehenden Untersuchungen eine Lebensdauer von $9 \cdot 10^4$ Lastspielen angenommen. Folgende Ermüdungszustände und Lastspielzahlen (Tabelle 6.3) wurden gewählt. Dabei wurden zwei Versuchsreihen durchgeführt mit maximalen Schädigungsgraden von 90 % N_B bzw. 80 % N_B.

Tabelle 6.3 Gewählte Ermüdungszustände der zwei Versuchsreihen

N_B [%]	Lastspielzahl
0	0
10	9.000
50	45.000
80/90	72.000/81.000

Die mittels der konventionellen Messtechniken aufgezeichneten Werkstoffreaktionen der drei ermüdeten Zustände sind in Abbildung 6.25 zu finden. Es ist die Prüffrequenzabweichung ΔF, die plastische Dehnungsamplitude $\varepsilon_{a,p}$, sowie die Temperaturdifferenz ΔT dargestellt. Es ist zu erkennen, dass die 10 % N_B und die 80 % N_B Proben sehr vergleichbare Werkstoffreaktionen zeigen. Die Probe, die bis 50 % N_B ermüdet wurde, weist einen etwas früheren Abfall von ΔF und Anstieg von ΔT auf. Der Anstieg von $\varepsilon_{a,p}$ ist leicht steiler als bei den anderen beiden Proben. Da es zu keinen signifikanten Abweichungen in den Wechselverformungskurven kam, kann von einem vergleichbaren Ermüdungsverhalten der unterschiedlichen Proben ausgegangen werden.

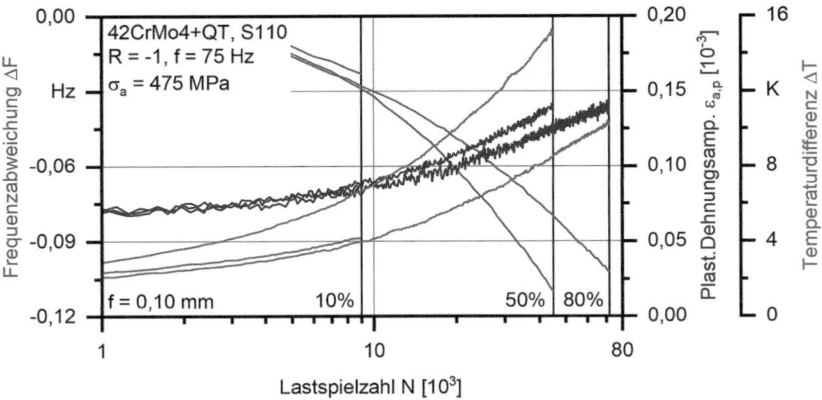

Abbildung 6.25 Werkstoffreaktionen an definiert unterbrochenen Einstufenversuchen bei 475 MPa, f = 0,10 mm, S110

Mikrostrukturuntersuchungen

Die lichtmikroskopischen Aufnahmen der Querschliffe (Abbildung 6.26) nach definierten Ermüdungszuständen zeigen keine Auffälligkeiten. In allen Zuständen ist ein vergleichbares, auf den Tiefbohrprozess zurückzuführendes Gefüge zu sehen.

Weiterhin wurden im Rasterelektronenmikroskop EBSD-Aufnahmen der vier Ermüdungszustände erstellt. Um die Veränderungen in der beeinflussten Randzone genauer zu betrachten, wurden die folgenden Zahlenwerte jeweils im Bereich von der Bohrungswand bis zu 10 μm Tiefe ermittelt.

In Abbildung 6.27 sind inverse Polfiguren a) für den Querschliff und b) für den Längsschliff gezeigt. Im Querschliff ist das durch den Bohrprozess umgeformte Gefüge gut zu erkennen. Die Korngröße wächst mit steigendem Oberflächenabstand. Mit Hilfe der EBSD-Analysen wurde der mittlere Korndurchmesser zu $d_K = 0,41$ μm bestimmt. Der durch die Beugungsuntersuchungen bestimmte mittlere Missorientierungswinkel beträgt $\theta_K = 36,47°$. Im Gefüge des Längsschliffs ist die Vorschubrichtung nicht zu erkennen, aber auch hier steigt die Korngröße mit zunehmendem Oberflächenabstand. Der mittlere Korndurchmesser beträgt hier $d_K = 0,35$ μm, der Missorientierungswinkel $\theta_K = 35,99°$.

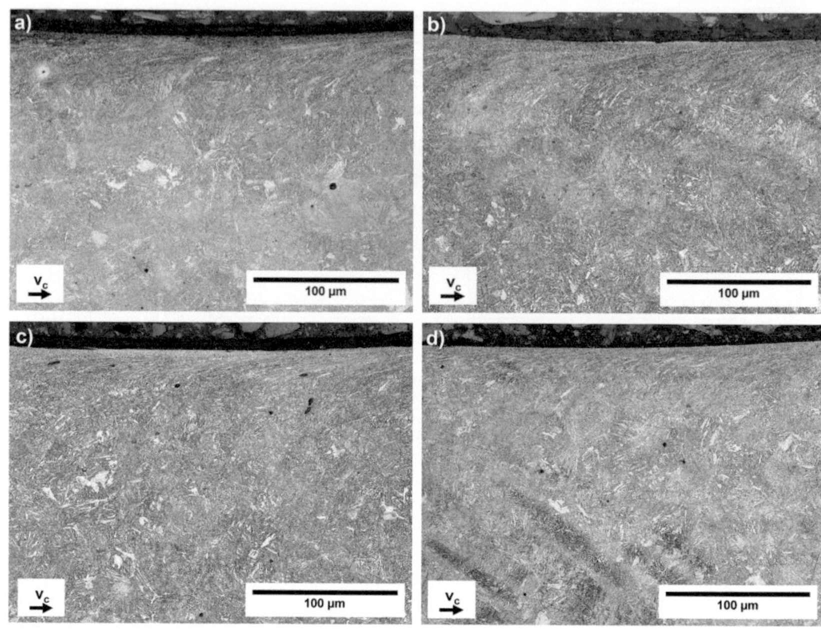

Abbildung 6.26 Lichtmikroskopische Aufnahmen an Querschliffen nach a) 0 % N_B, b) 10 % N_B, c) 50 % N_B, d) 80 % N_B, f = 0,10 mm, S110

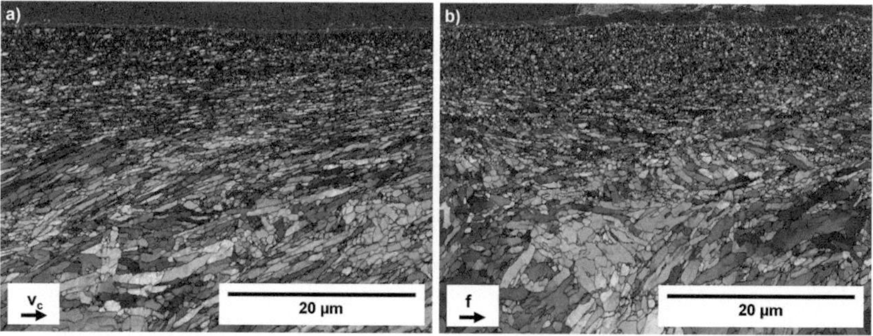

Abbildung 6.27 EBSD-Aufnahme der Bohrungsrandzone am a) Querschliff und b) Längsschliff nach 0 % N_B, f = 0,10 mm, S110

Die EBSD-Aufnahmen der Probe für den Ermüdungszustand 10 % N_B ist in Abbildung 6.28 dargestellt. Qualitativ zeigen sich keine signifikanten Veränderungen in der Mikrostruktur. Der mittlere Korndurchmesser steigt leicht, im Querschliff auf $d_K = 0,52$ µm und im Längsschliff auf $d_K = 0,41$ µm. Der Missorientierungswinkel sinkt leicht auf $\theta_K = 36,00°$ bzw. 35,09°.

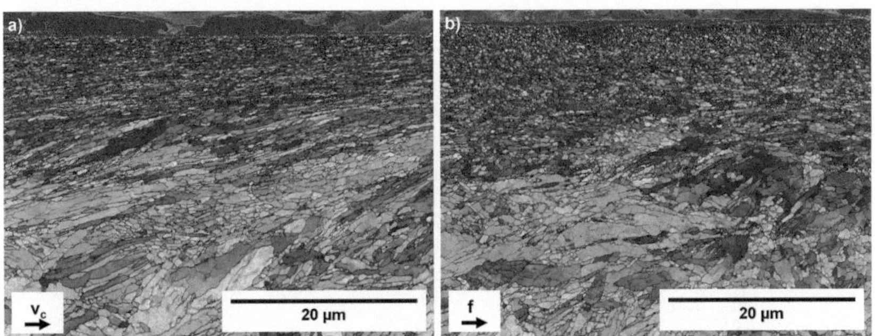

Abbildung 6.28 EBSD-Aufnahme der Bohrungsrandzone am a) Querschliff und b) Längsschliff nach 10 % N_B, f = 0,10 mm, S110

Dieser Trend setzt sich nach 50 % N_B (Abbildung 6.29) nicht fort. Der Korndurchmesser sinkt im Querschliff auf $d_K = 0,43$ µm und im Längsschliff stärker auf $d_K = 0,31$ µm. Die Korngröße liegt damit nun wieder im Größenbereich des Ausgangszustands. Auch der Missorientierungswinkel steigt erneut auf $\theta_K = 36,32°$ bzw. 35,68°.

Der am stärksten geschädigte Zustand mit 80 % N_B ist in Abbildung 6.30 dargestellt. Der Korndurchmesser steigt nun wieder auf $d_K = 0,58$ µm bzw. 0,36 µm, die Missorientierungswinkel betragen $\theta_K = 36,32°$ bzw. 35,61°.

Der Missorientierungswinkel der untersuchten Ermüdungszustände ist im Vergleich zum Ausgangsmaterial (3.1) in Richtung von Großwinkelkorngrenzen verschoben. Dies ist, wie auch schon optisch zu erkennen, ein Anzeichen für eine größere Deformation [145]. Aus den mikroskopischen und den Elektronenbeugungsanalysen lässt sich ableiten, dass es zu keinen signifikanten mikrostrukturellen Veränderungen im Verlauf der Ermüdungsbelastung kommt. Die Korngröße wächst scheinbar an, befindet sich jedoch in Bereich der Streuung. Eine Erklärung für die schwankende Korngröße und Missorientierung kann im Bohrprozess liegen. Aufgrund der Kombination aus Schnittgeschwindigkeit und Vorschub beschreibt das Bohrwerkzeug während des Bohrvorgangs einen spiralförmigen Weg im Bohrkanal. Dadurch sind die Eingriffsituation und die

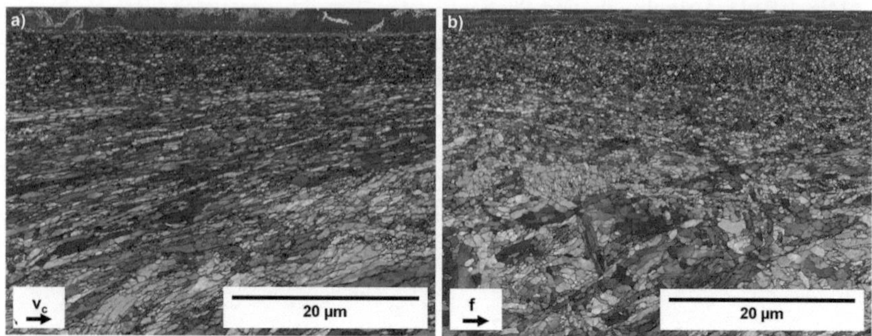

Abbildung 6.29 EBSD-Aufnahme der Bohrungsrandzone am a) Querschliff und b) Längsschliff nach 50 % N_B, f = 0,10 mm, S110

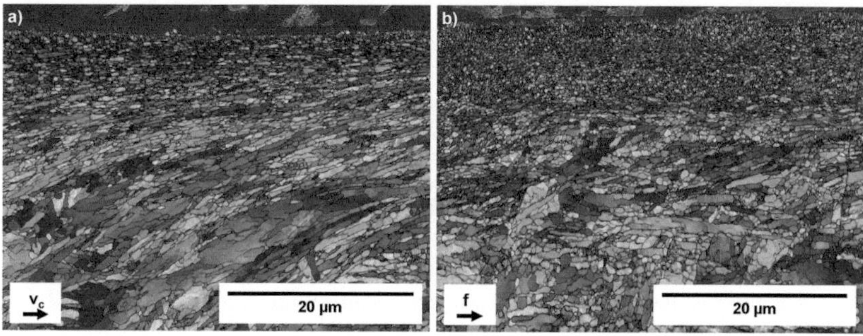

Abbildung 6.30 EBSD-Aufnahme der Bohrungsrandzone am a) Querschliff und b) Längsschliff nach 80 % N_B, f = 0,10 mm, S110

Beeinflussung über den Umfang der Bohrung nicht konstant. Diese veränderliche Randzonenbeeinflussung kann die mittels EBSD-Untersuchungen beobachteten Variationen begründen [16].

Eigenspannungsmessungen

Die Entwicklung der axialen Eigenspannungen $\sigma_{ES,a}$ zu den vier Ermüdungsstadien ist in Abbildung 6.31 dargestellt. Zunächst wurden die Untersuchungen mit einem XRD in cosα-Anordnung mit einem Kollimatordurchmesser von $\varnothing_K = 0,3$ mm durchgeführt. Vor der Ermüdungsbelastung wurden Druckeigenspannungen von etwa $\sigma_{ES,a} = -475$ MPa gemessen. In der Probe, die nach

10 % der Lebensdauer vermessen wurde, sind höhere Druckeigenspannungen von $\sigma_{ES,a} = -600$ MPa feststellbar. Anschließend fallen diese wieder bei 50 % N_B auf $\sigma_{ES,a} = -500$ MPa und bleiben danach näherungsweise konstant auf $\sigma_{ES,a} = -540$ MPa bei 90 % der Lebensdauer.

Die Messungen wurden anschließend mit einem XRD in $\sin^2\Psi$-Anordnung und einem Kollimatordurchmesser von $\o_K = 0{,}12$ mm wiederholt. Auch diese Messungen sind in Abbildung 6.31 dargestellt. Hier wurde eine Druckeigenspannung vor der Ermüdungsbelastung von $\sigma_{ES,a} = -540$ MPa ermittelt. Diese steigt bei 10 % der Lebensdauer auf -600 MPa und sinkt danach über $\sigma_{ES,a} = -425$ MPa bei 50 % der Lebensdauer auf $\sigma_{ES,a} = 410$ MPa bei 90 % N_B.

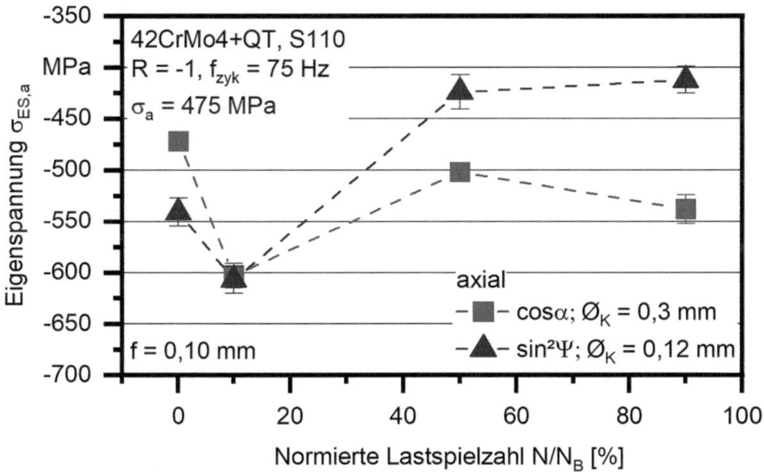

Abbildung 6.31 Entwicklung der axialen Eigenspannungen $\sigma_{ES,a}$ an repräsentativen Ermüdungszuständen, $f = 0{,}10$ mm, S110

Diese Messungen konnten den kontraintuitiven Anstieg der Druckeigenspannungen von 0 % auf 10 % N_B bestätigen. Dieser kann, neben der Ermüdungsbelastung, darauf zurückgeführt werden, dass für jeden Messpunkt eine andere Probe genutzt wurde. So kann sich der Ausgangseigenspannungszustand, der für die 10 % N_B-Messung verwendet wurde, von dem der für die 0 % N_B unterschieden haben.

Neben den axialen Eigenspannungen konnten mit dem XRD in $\sin^2\Psi$-Anordnung aufgrund des geringen Kollimatordurchmessers und dem dadurch resultierenden kleinen Brennfleckdurchmesser, die Eigenspannungen in tangentialer Richtung bestimmt werden. Die Ergebnisse sind in Abbildung 6.32 dargestellt. In tangentialer Richtung konnten in der unbelasteten Probe Druckeigenspannungen in einer Höhe von $\sigma_{ES,t} = -485$ MPa ermittelt werden. Im weiteren Verlauf der Ermüdungsbelastung sinken sie auf $\sigma_{ES,t} = -430$ MPa nach 10 % Lebensdauer und halten diesen Wert konstant bis 90 % N_B.

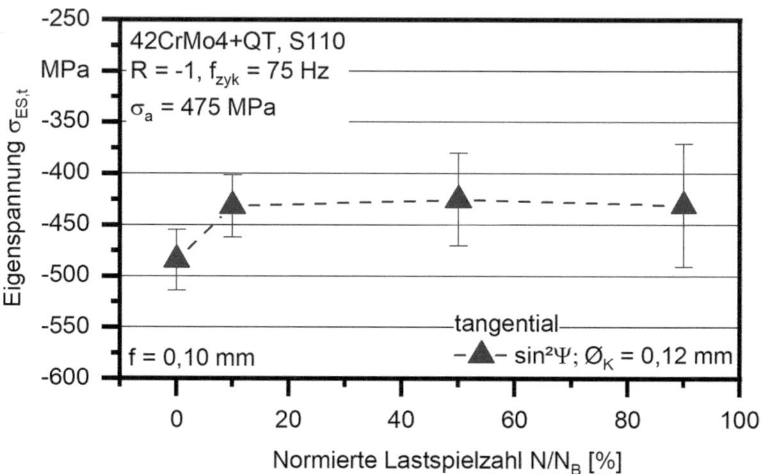

Abbildung 6.32 Entwicklung der tangentialen Eigenspannungen $\sigma_{ES,t}$ an repräsentativen Ermüdungszuständen, f = 0,10 mm, S110

Die Untersuchungen wurden in der zweiten Versuchsreihe mit zwei XRD in $\sin^2\psi$-Konfiguration, eines mit Kollimatordurchmesser $\phi_K = 0{,}3$ mm und eines mit $\phi_K = 0{,}12$ mm, und einem XRD in $\cos\alpha$-Anordnung und einem Kollimatordurchmesser $\phi_K = 0{,}2$ mm wiederholt. Die Ergebnisse für die axiale Richtung sind in Abbildung 6.33 dargestellt. Die mittels der $\sin^2\psi$-Diffraktometer gemessenen Eigenspannungen liegen auf einem vergleichbaren Niveau. Die mit dem $\phi_K = 0{,}3$ mm ermittelten Druckeigenspannungen liegen im Ausgangszustand bei $\sigma_{ES,a} = -540$ MPa und steigen danach leicht auf $\sigma_{ES,a} = -550$ MPa an. Anschießend fallen sie bis 80 % N_B auf $\sigma_{ES,a} = -450$ MPa ab. Die mit dem kleineren Kollimator von $\phi_K = 0{,}12$ mm erfassten Spannungen fallen kontinuierlich von $\sigma_{ES,a} = -540$ MPa auf $\sigma_{ES,a} = -410$ MPa nach 80 % N_B. Dabei ist der größte Abfall bereits nach 10 % N_B festzustellen. Die mittels $\cos\alpha$-Verfahren ermittelten Eigenspannungswerte sind mit denen vergleichbar, die mittels $\sin^2\psi$-XRD und dem kleineren Kollimator gemessen wurden. Jedoch liegen diese mit $\sigma_{ES,a} = -670$ MPa im Ausgangszustand auf einem wesentlich höheren Niveau. Nach 80 % N_B wurden noch Spannungen in Höhe von $\sigma_{ES,a} = -530$ MPa festgestellt.

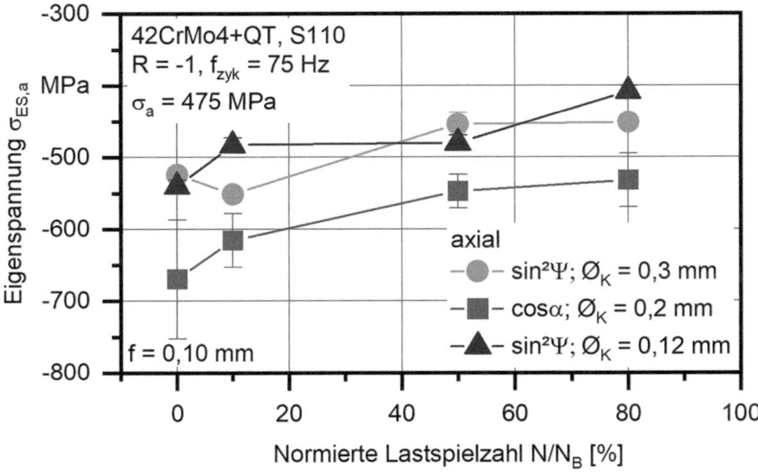

Abbildung 6.33 Entwicklung der Eigenspannungen in axialer Richtung an repräsentativen Ermüdungszuständen, f = 0,10 mm, S110

Mithilfe der beiden XRD in $\sin^2\psi$-Konfiguration konnten des Weiteren die tangentialen Eigenspannungen bestimmt werden. Die Ergebnisse gemäß Abbildung 6.34 zeigen unterschiedliche Verläufe. Die mit dem größeren Kollimator gemessenen Druckspannungen fallen von einem Ausgangswert von $\sigma_{ES,t} = -210$ MPa bei 0 % N_B auf $\sigma_{ES,t} = -170$ MPa bei 10 % N_B und steigen anschließend über $\sigma_{ES,t} = -180$ MPa bei 50 % N_B auf $\sigma_{ES,t} = -250$ MPa bei 80 % N_B. Die mit dem kleineren Kollimator bestimmten Spannungen steigen kontinuierlich von einem Ausgangswert von $\sigma_{ES,t} = -385$ MPa auf $\sigma_{ES,t} = -290$ MPa bei 80 % N_B an. Dabei ist zu beachten, dass die Abweichung bei der Messung mit dem größeren Kollimator bei etwa 40 MPa lag, im Gegensatz zu etwa 15 MPa bei den Untersuchungen mit dem kleineren Kollimator. Die Streuung relativiert die Unterschiede in den qualitativen Entwicklungen der Eigenspannungen, da sich die Unterschiede der Eigenspannungswerte im Bereich der Streuung bewegen. Die größere Streuung in der Messung mit dem größeren Kollimator ist durch das ungünstigere Verhältnis von Brennfleckdurchmesser zu Bohrungsdurchmesser zu begründen. Während bei dem kleineren Kollimator die Krümmung der zu messende Oberfläche vernachlässigbar ist, ist bei dem größeren Kollimator eine Beeinflussung durch die unterschiedlichen Messhöhen nicht auszuschließen [136].

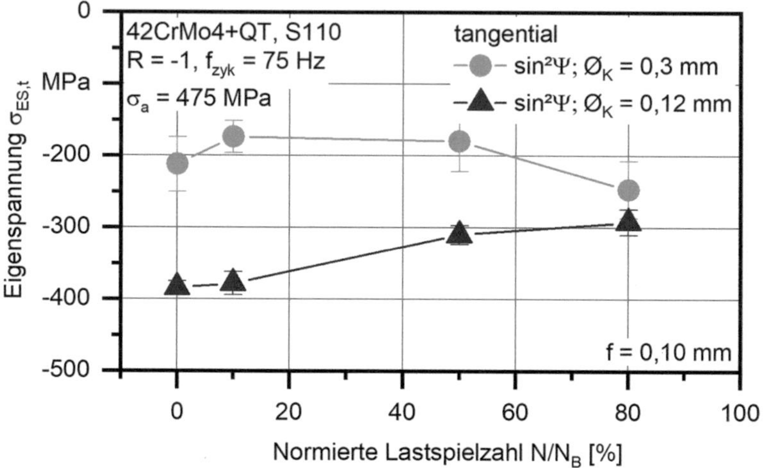

Abbildung 6.34 Entwicklung der Eigenspannungen tangentialer Richtung an repräsentativen Ermüdungszuständen, S110

Insgesamt konnten die Eigenspannungsentwicklungen, die in der ersten Versuchsreihe mit $\sin^2\psi$-XRD gemessen wurden, sowohl in axialer als auch in tangentialer Richtung bestätigt werden. Einzig der axiale Spannungswert bei 10 % N_B der ersten Prüfreihe ist nicht wiederholbar und mutmaßlich auf einen von den anderen Proben abweichenden tatsächlichen Eigenspannungszustand zurückzuführen. Die mittels $\cos\alpha$-Verfahren ermittelten Spannungen weisen einen qualitativ vergleichbaren Verlauf zu den mittels $\sin^2\psi$ ermittelten Spannungen auf. Die Absolutwerte liegen jedoch bei höheren Druckspannungen. Die Messungen mit dem $\sin^2\psi$-Verfahren und einem größeren Kollimator weisen in axialer Richtung mit dem kleineren Kollimator vergleichbare Werte auf, welche jedoch einen leicht anderen Verlauf als die mit den anderen Verfahren gemessenen Werte aufweisen. In tangentialer Richtung unterscheiden sich sowohl die Höhe der gemessenen Spannungen als auch deren Verlauf von den mit dem kleineren Kollimator gemessenen Werten. Zusammenfassend liefert das $\sin^2\psi$-Verfahren mit dem Kollimatordurchmesser $\varnothing_K = 0{,}12$ mm die zuverlässigsten Werte. Die mit einem Kollimatordurchmesser $\varnothing_K = 0{,}3$ mm gemessenen Werte sind hingegen mit einer höheren Streuung behaftet. Dies ist durch das ungünstigere Verhältnis des Brennfleckdurchmessers zum Bohrungsdurchmesser begründet [136]. Das $\cos\alpha$-Verfahren ist vor allem gut dazu geeignet, die Veränderung bzw. den Unterschied der Eigenspannungszustände qualitativ zu bewerten. Die Tendenz der Spannungsveränderung ist mit der mittels $\sin^2\psi$-Verfahren und $\varnothing_K = 0{,}12$ mm ermittelten vergleichbar, die absolute Höhe der Spannungswerte muss jedoch kritisch betrachtet werden und bedarf weiterer Untersuchungen.

Neben der Höhe der Eigenspannungen direkt an der Bohrungswand ist die Verteilung der Spannung in der Bauteiltiefe von entscheidender Bedeutung für die Leistungsfähigkeit des Bauteils. Im Folgenden sind die Eigenspannungstiefenverläufe nach verschiedenen Ermüdungsbelastungen dargestellt. Die Messung erfolgte mit einem XRD in $\sin^2\psi$-Anordnung mit dem Kollimatordurchmesser $\varnothing_K = 0{,}12$ mm.

In Abbildung 6.35 sind die Eigenspannungstiefenverläufe in axialer Richtung aufgetragen. Neben der bereits in Abbildung 6.33 gezeigten Relaxation der randschichtnahen Eigenspannungen sind auch Veränderungen der Tiefenverteilung festzustellen. Während die Oberflächenspannung von 0 % auf 10 % N_B nur um 60 MPa abnimmt fällt, die Spannung in 10 μm Tiefe um 130 MPa. Die Eigenspannungen im Ausgangszustand nähern sich nach einem oberflächennahen Abfall gleichmäßig einem Spannungsniveau von $\sigma_{ES,a} = -150$ MPa ab 40 μm Messtiefe an. Die Verläufe bei 10 % und 50 % N_B weisen einen wesentlich steileren Verlauf auf und nähern sich bereits bei 30 μm Messtiefe (10 % N_B) bzw. 15 μm einem niedrigeren Spannungsniveau von etwa $\sigma_{ES,a} = -70$ MPa. Der Verlauf bei 80 % N_B unterscheidet sich wiederum von den zuvor betrachteten Verläufen. Der starke Spannungsabfall an der Oberfläche auf $\sigma_{ES,a} = -410$ MPa wird durch einen Anstieg der Spannungen im Bereich direkt unterhalb der Oberfläche (13 μm) ausgeglichen. Anschließend fallen auch hier die Spannungen bei 20 μm auf $\sigma_{ES,a} = -145$ MPa und schwanken danach um $\sigma_{ES,a} = -110$ MPa.

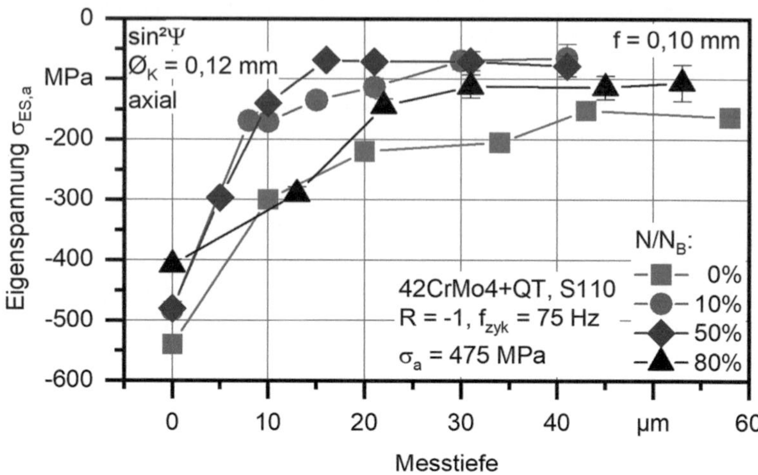

Abbildung 6.35 Eigenspannungstiefenverläufe in axialer Richtung an repräsentativen Ermüdungszuständen, f = 0,10, S110

Die Tiefenverläufe der Eigenspannungen in tangentialer Richtung sind in Abbildung 6.36 dargestellt. Die Entwicklung der Verläufe unterscheidet sich stark von der der axialen Eigenspannungen. So sind keine signifikanten Veränderungen in den Eigenspannungstiefenverläufen vom initialen Zustand und dem 10 % N_B Zustand zu erkennen. Beide weisen Oberflächenspannungen von $\sigma_{ES,t} = -380$ MPa auf und nähern sich in einer Tiefe zwischen 30 und 40 µm dem spannungsfreien Zustand an. Beim 50 % N_B Zustand ist der Verlauf vergleichbar mit denen der beiden weniger stark geschädigten Proben. Er ist um etwa 100 MPa niedriger. So liegen die Oberflächenspannungen bei $\sigma_{ES,t} = -310$ MPa und in einem Oberflächenabstand von 15 µm wandeln sich die Druckeigenspannungen in Zugeigenspannungen um. Der maximal ermüdete Zustand 80 % N_B unterscheidet sich, wie zuvor in axialer Richtung, grundsätzlich von den Verläufen der anderen Proben. So liegt die Randspannung mit $\sigma_{ES,t} = -290$ MPa auf einem mit dem 50 % N_B Zustand vergleichbaren Niveau. Hier fallen die Spannungen allerdings weniger stark ab und nähern sich ab einem Oberflächenabstand von 40 µm einem Spannungsniveau von $\sigma_{ES,t} = -100$ MPa an.

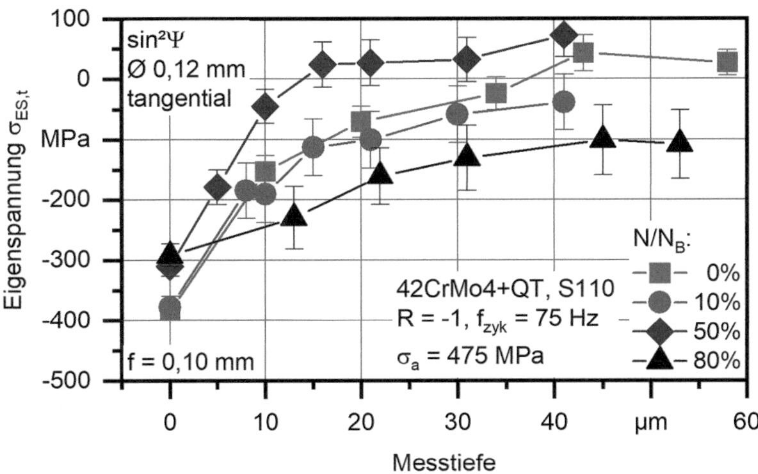

Abbildung 6.36 Eigenspannungstiefenverläufe in tangentialer Richtung an repräsentativen Ermüdungszuständen, f = 0,10 mm, S110

Es ist festzuhalten, dass sich die Entwicklung der Eigenspannungen im Ermüdungsversuch in axialer und tangentialer Richtung unterscheidet. Zwar relaxieren diese in beiden Fällen, jedoch tritt der Eigenspannungsabbau in axialer Richtung bereits nach 10 % N_B ein. Anschließend halten sich die Spannungen bis mindestens 50 % N_B auf einem vergleichbaren Niveau. Im Fall der tangentialen Eigenspannungen bleiben diese zunächst auf einem ähnlichen Niveau und bauen sich erst im weiteren Verlauf des Ermüdungsversuchs ab. Dies kann damit begründet werden, dass die Ermüdungsbelastung ebenfalls in axialer Richtung aufgeprägt wird und sich so die äußeren Spannungen mit den Eigenspannungen auch im Druckbereich überlagern. Dadurch kommt es zur Überschreitung der Streck- bzw. Stauchgrenze. Beim Verlassen des elastischen Bereichs kommt es zu einem Fließen und damit zu einem Abbau der Eigenspannungen auf ein Niveau von $\sigma_a + \sigma_{ES} = R_e$[55,56]. Da die Spannungsüberlagerung in tangentialer Richtung nicht so stark ausgeprägt ist, führt hier erst die Ermüdungsschädigung zu einer Relaxation der Eigenspannungen. In der Literatur ist ebenfalls ein starker initialer Abfall der Eigenspannungen, sowie ein kontinuierlicher Abfall im Verlauf der Ermüdungsversuche beschrieben [55,56]. Beiden Spannungsrichtungen ist gemein, dass es bei 80 % N_B zu einer Umverteilung der Eigenspannungen in größerem Abstand von der Bohrungswand kommt. Dies kann auf eine Veränderung des Spannungsgleichgewichts durch erste Rissbildungen zurück geführt werden [57]. So konnte, wie in Abbildung 6.37 gezeigt, mittels Farbeindringversuchen bei 90 % N_B bereits eine Rissbildung nachgewiesen werden.

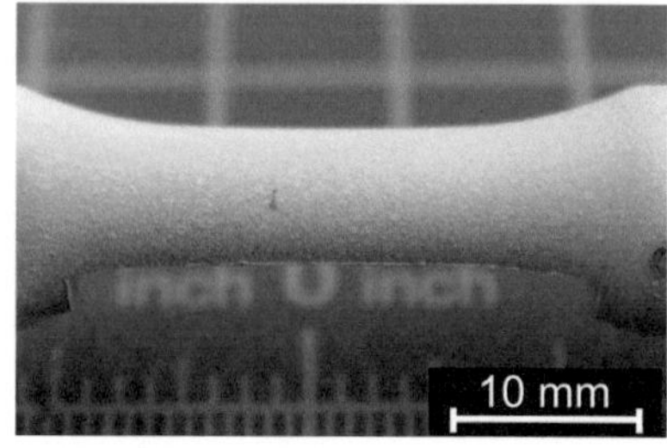

Abbildung 6.37
Farbeindringprüfung an
einer Probe nach 90 % N_B,
f = 0,10 mm, S110 [156]

Barkhausenrauschen
Die in Abbildung 6.38 dargestellte Entwicklung der Koerzitivfeldstärke zeigt im Vergleich zu Abbildung 6.21 und Abbildung 6.23 eine Besonderheit. Φ_{cm} sinkt nicht kontinuierlich von Beginn an, sondern steigt zunächst von 7 μVs bei 0 % N_B bis 7,2 μVs bei 10 % N_B an, um anschließend, wie zuvor beobachtet, auf 5,7 μVs bei 90 % N_B abzufallen. Dabei ist zu bedenken, dass jeder Messpunkt nun eine separate Probe darstellt und nicht wie zuvor jede Kurve eine Probe zu verschiedenen Ermüdungsstadien zeigt.

In Abbildung 6.39 sind die Ausgangswerte der Koerzitivfeldstärke mit den nach den Ermüdungsversuchen ermittelten Werten gegenübergestellt. Es ist zu erkennen, dass die Probe 0 % N_B mit $\Phi_{cm} = 7,0$ μVs einen leicht geringeren Ausgangswert gegenüber den drei anderen Proben, die Werte zwischen $\Phi_{cm} = 7,2$ μVs und 7,3 μVs zeigen, aufweist. Der Abfall im Ermüdungsversuch ist für alle drei ermüdeten Proben vergleichbar.

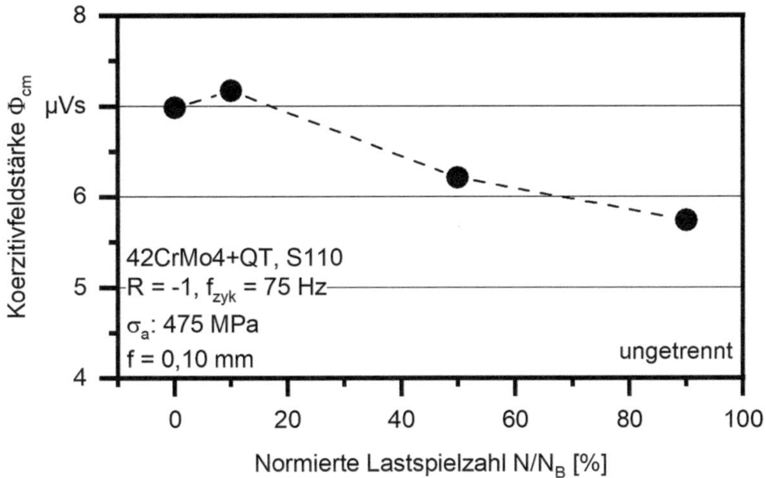

Abbildung 6.38   Entwicklung der Koerzitivfeldstärke Φ_{cm} an repräsentativen Ermüdungszuständen, f = 0,10 mm, S110

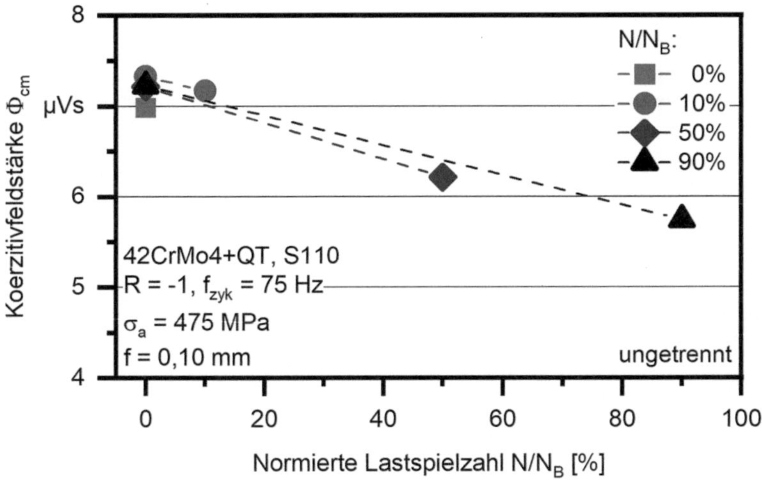

Abbildung 6.39   Entwicklung der Koerzitivfeldstärke Φ_{cm}, f = 0,10 mm, S110

Die gegenüber den anderen betrachteten Proben niedrigere Koerzitivfeldstärke im Ausgangszustand, der später für 0 % N_B bewerteten Probe, begründet den vermeidlichen Anstieg von Φ_{cm} nach 10 % N_B. So kommt es nicht tatsächlich zu einem Anstieg der Koerzitivfeldstärke, lediglich der Ausgangszustand der untersuchten Proben ist nicht vergleichbar. Die erhöhte Φ_{cm} kann auch durch die an dieser Probe in Abbildung 6.31 nicht erwarteten hohen Druckeigenspannungen begründet werden [87].

In Abbildung 6.40 ist äquivalent die Entwicklung von M_{max} dargestellt. Wie zuvor in Abbildung 6.22 und Abbildung 6.24 ist keine Korrelation zwischen dem Ermüdungsfortschritt und der fortschreitenden Ermüdungsbelastung zu erkennen. Die Werte streuen zwischen $M_{max} = 24$ mV und 30 mV.

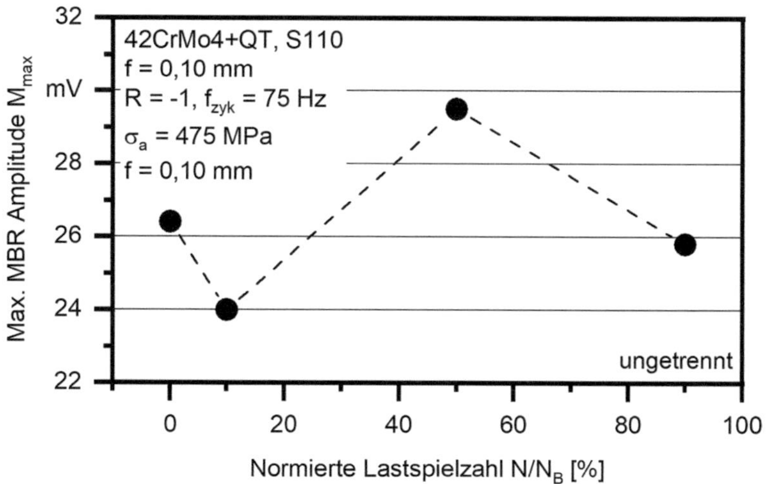

Abbildung 6.40 Entwicklung der maximalen Barkhausenrauschen-Amplitude M_{max} an repräsentativen Ermüdungszuständen, $f = 0,10$ mm, S110

Die in Abbildung 6.41 dargestellte Entwicklung der M_{max}-Werte zeigt ebenfalls keine eindeutige Korrelation der maximalen Barkhausenrauschen-Amplitude mit dem Fortschritt der Ermüdungsschädigung. So fällt M_{max} nach 10 % N_B um etwa 1 mV ab, steigt jedoch bei 50 % N_B und 90 % N_B um 1 mV bzw. 3 mV. Die Änderung von M_{max} durch die Ermüdungsbelastung liegt unterhalb der Streuung die im Ausgangszustand bei 0 % N_B festgestellt wurde.

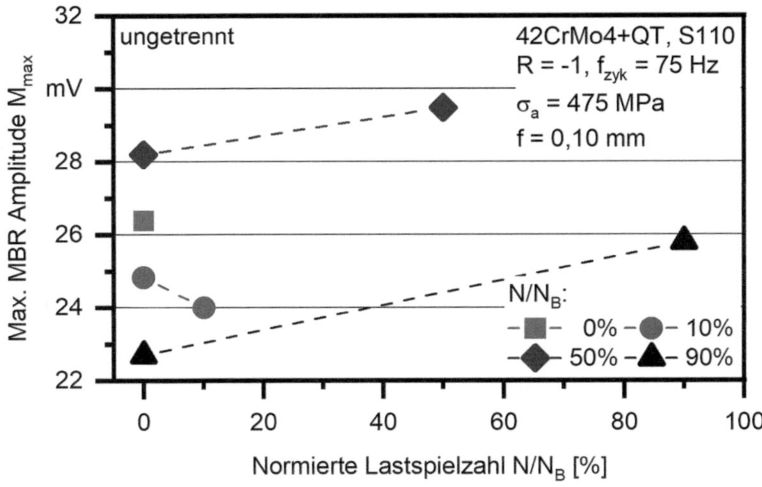

Abbildung 6.41 Entwicklung der maximalen Barkhausenrauschen-Amplitude, $f = 0,10$ mm, S110

Die Barkhausenrauschen-Kennwerte wurden in der zweiten Versuchsreihe, wie zuvor, sowohl an der Innenseite der Bohrung, als hier auch zusätzlich an der äußeren Oberfläche der Probe gemessen. Abbildung 6.42 zeigt die Verläufe der Koerzitivfeldstärke der Proben im ungetrennten Zustand. An der inneren Oberfläche sind signifikant höhere Messwerte zu erkennen. So ist im Ausgangszustand ein Wert von 6,3 μVs gemessen worden. Dieser fällt zu 10 % N_B auf 6,0 μVs ab und wird auch bei 50 % N_B gemessen. Zu 80 % N_B fällt Φ_{cm} dann weiter auf 5,3 μVs ab. An der äußeren Oberfläche ist im Ausgangszustand und nach 10 % N_B ein Wert von $\Phi_{cm} = 1,7\mu$Vs festzustellen. Dieser steigt bei 50 % und 80 % N_B auf 1,9 μVs an.

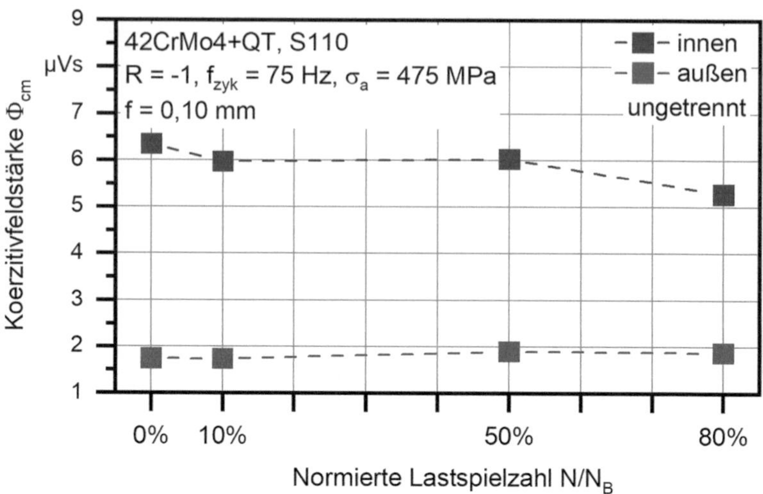

Abbildung 6.42 Entwicklung der Koerzitivfeldstärke Φ_{cm} an repräsentativen Ermüdungszuständen vor dem Trennvorgang, f = 0,10 mm, S110

In dieser Untersuchung zeigte sich, dass der in Abbildung 6.38 festgestellte
Anstieg der Koerzitivfeldstärke nach 10 % N_B nicht reproduzierbar und daher auf
die unterschiedliche Höhe der Koerzitivfeldstärke im Ausgangszustand zurückzuführen ist. Diese Unterschiede sind durch die die höheren Druckeigenspannungen
bei 10 % N_B zu erklären. Weiterhin konnte festgestellt werden, dass der Einfluss
der Ermüdungsbelastung auf die Koerzitivfeldstärke an der Innenseite wesentlich
stärker ausgeprägt ist.

In Abbildung 6.43 ist die Entwicklung der Koerzitivfeldstärke an der
Innen- und Außenseite der Bohrung, nach dem Auftrennen für die XRD-
Untersuchungen, gezeigt. An der Innenseite der Probe liegen die Werte der
Koerzitivfeldstärke auf einem wesentlich geringeren Niveau. So steigt Φ_{cm}
zunächst von 4,7 µVs auf 5,3 µVs bei 10 % an. Bis zum 50 % Schritt fällt
der Wert wieder auf 5,1 µVs ab, um bei 80 % weiter auf 3,3 µVs abzufallen. An
der äußeren Oberfläche steigt der Φ_{cm} kontinuierlich von 1,4 µVs, über 1,5 µVs
bei 10 % und 1,6 µVs bei 50 % auf 1,7 µVs bei 80 % N_B.

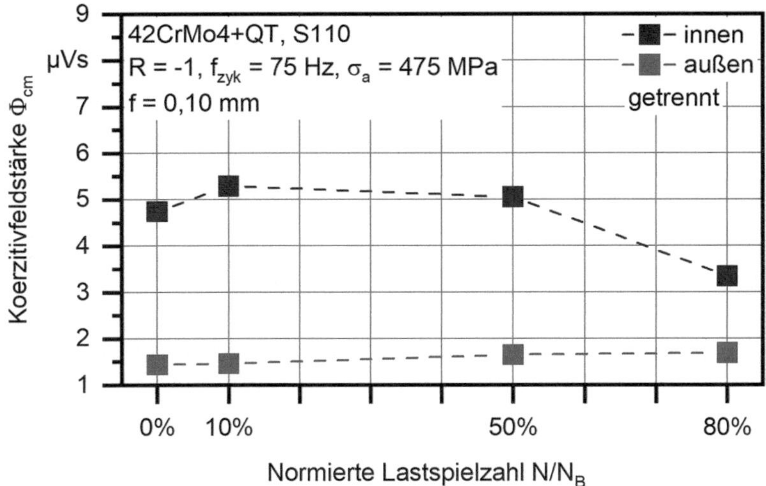

Abbildung 6.43 Entwicklung der Koerzitivfeldstärke Φ_{cm} an repräsentativen Ermüdungszuständen nach dem Trennvorgang, f = 0,10 mm, S110

Der Vergleich der Koerzitivfeldstärke Φ_{cm} von nicht-getrennten und aufgetrennten Proben zeigt einerseits, dass es einen Einfluss gibt, der die Höhe von Φ_{cm} generell absenkt. Dies kann bspw. durch eine veränderte Ausprägung des erregenden magnetischen Felds aufgrund der veränderten Bauteilgeometrie erklärt werden. Andererseits ist im Ausgangszustand ein übermäßiger Abfall der Koerzitivfeldstärke zu beobachten. Da der Abfall nur im Ausgangszustand auftritt ist davon auszugehen, dass dieser durch die Veränderung der Bauteileigenschaften, wie bspw. eine Umverteilung der im Ausgangszustand höheren Eigenspannungen, verursacht wird. An der Außenseite der Probe ist die Absenkung wesentlich weniger stark ausgeprägt. Dies ist damit zu begründen, dass die Veränderung der Bauteilgeometrie hier einen geringeren Einfluss hat, da die Magnetisierung der Probe und die Detektion des MBR-Signals, im Gegensatz zu den Innenmessungen, auf derselben Probenseite durchgeführt werden.

Die maximale Barkhausenrauschen-Amplitude M_{max} im nicht-aufgetrennten Zustand ist in Abbildung 6.44 dargestellt. An der Innenseite der Probe stagniert M_{max} zunächst zwischen dem Ausgangszustand und 10 % N_B bei 30 mV und steigt dann über 34 mV bei 50 % auf 36 mV bei 80 % N_B. Die Außenseite weist im Ausgangszustand einen M_{max}-Wert von 13 mV auf, der zunächst minimal auf

14 mV bei 10 % N_B ansteigt und anschließend auf 11 mV abfällt. Dieser Wert ist auch bei 80 % N_B zu messen.

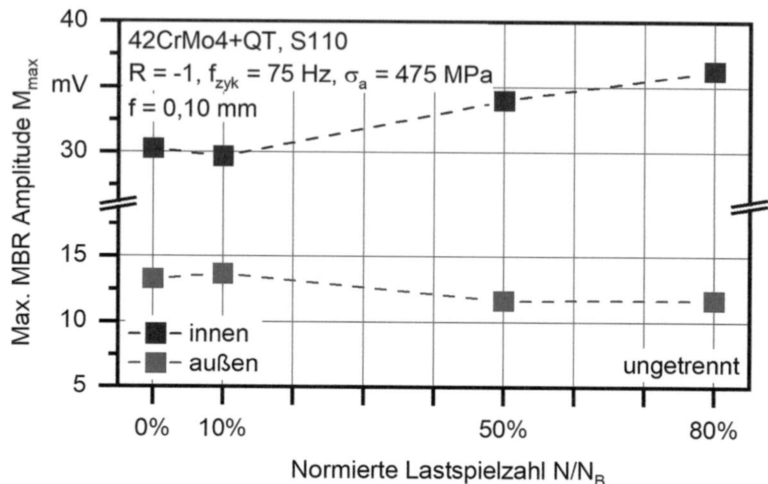

Abbildung 6.44 Entwicklung der maximalen Barkhausenrauschen-Amplitude M_{max} an der inneren und äußeren Bohrungsseite für repräsentative Ermüdungszustände vor dem Trennvorgang, f = 0,10 mm, S110

Im aufgetrennten Zustand (Abbildung 6.45) zeigt sich an der Innenseite der Proben ein anderer Verlauf. So ist M_{max} im Ausgangszustand mit 50 mV etwa 20 mV höher als im nicht-aufgetrennten Zustand. Danach fällt M_{max} auf 47 mV bei 10 % N_B. Wo sich im ungetrennten Zustand ein starker Anstieg zeigte, stagniert M_{max} hier mit 48 mV bei 50 % N_B und fällt anschließend auf 44 mV bei 80 % N_B ab. Der Verlauf an der Außenseite der Probe wird durch den Auftrennvorgang weniger stark beeinflusst. So sinkt M_{max} im Ausgangszustand zwar von 13 auf 11 mV, aber der weitere Verlauf mit einem minimalen Anstieg bei 10 % N_B gefolgt von einem Abfall über 9 auf 8 mV bei 80 % N_B ist mit dem ungetrennten Zustand vergleichbar.

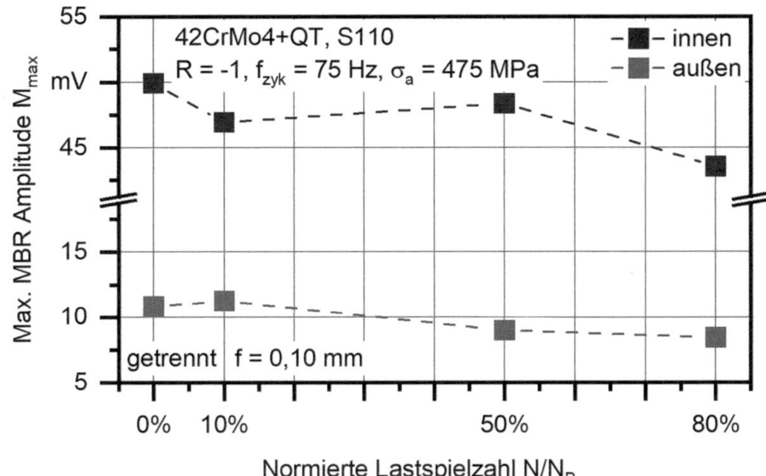

Abbildung 6.45 Entwicklung der maximalen Barkhausenrauschen-Amplitude M_{max} an der inneren und äußeren Bohrungsseite für repräsentative Ermüdungszustände nach dem Trennvorgang, $f = 0{,}10$ mm, S110

Es ist zu erkennen, dass M_{max} durch den Auftrennvorgang an der Innenseite der Probe auf etwa das 1,5-fache ansteigt, während es auf der Außenseite leicht sinkt. Der Verlauf an der Innenseite ist nach dem Auftrennen mit dem Verlauf zuvor vergleichbar, wohingegen sich an der Innenseite der Trend aufsteigender Werte umkehrt. Diese Veränderung ist nach aktuellem Kenntnisstand nicht zu erklären.

Es ist festzuhalten, dass der Auftrennvorgang einen massiven Einfluss auf die mikromagnetischen Kennwerte hat. So sind die Veränderungen der MBR-Kennwerte nach dem Auftrennen einerseits durch die geometrische Veränderung der Probe und der damit verbundenen Änderung der Magnetfeldausprägung zu erklären, allerdings ändert sich darüber hinaus nicht nur der Absolutwert der Messwerte, sondern auch das Verhältnis der Messpunkte zueinander. Dies lässt darauf schließen, dass es durch den Auftrennvorgang auch zu einer Veränderung des Werkstoffzustandes kommt. Besonders sticht dabei das stärkere Absinken der Koerzitivfeldstärke an der Innenseite des initialen Zustands gegenüber den anderen aufgetrennten Zuständen heraus.

Im Weiteren wurden die Parameter der Barkhausenrauschen-Messung variiert um eine Verbesserung der Messergebnisse, sowie einen höheren Informationsgehalt dieser durch die Implementierung einer Tiefensensitivität zu erreichen.

Zunächst wurde die Magnetisierungsfrequenz f_{mag} variiert. In Abbildung 6.46 ist die Koerzitivfeldstärke an der Innenseite der Bohrung unter Variation von f_{mag} gezeigt. Es ist zu sehen, dass Φ_{cm} mit steigender Anregungsfrequenz, bis zu einem kritischen Punkt, bei dem es zu einem Einbruch kommt, ansteigt. Dieser kritische Punkt ist für die Proben 0 %, 10 % und 50 % bei 90 Hz erreicht, bei der 80 % Probe bereits bei 60 Hz. Die Abstände der Punkte untereinander ändern sich bei variierter f_{mag} nicht.

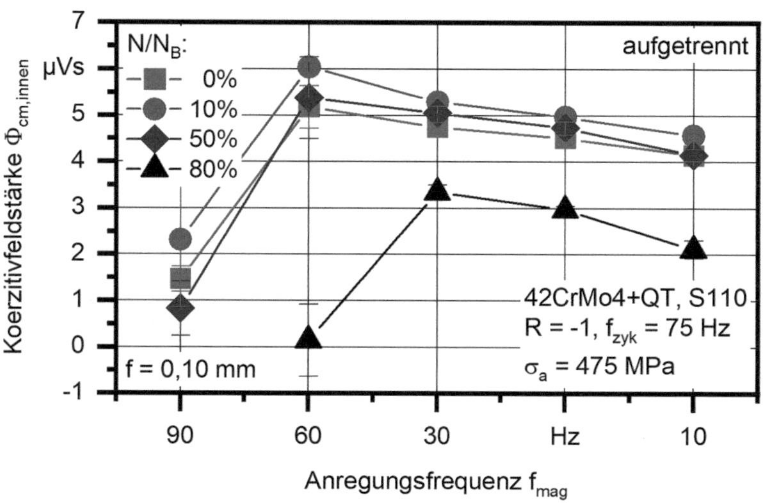

Abbildung 6.46 Koerzitivfeldstärke Φ_{cm} bei Variation der Anregungsfrequenz f_{mag} an repräsentativen Ermüdungszuständen, f = 0,10 mm, S110

Der Einfluss von f_{mag} auf die maximale Barkhausenrauschen-Amplitude M_{max} ist in Abbildung 6.47 dargestellt. Hier ist zu erkennen, dass diese, wie zuvor Φ_{cm}, mit steigender f_{mag} ansteigt. Es kommt, im hier untersuchten Frequenzbereich, nicht zu einem solch starken Abfall der Messwerte bei Überschreiten eines kritischen Punktes, lediglich der Wert der 10 % Probe fällt bei $f_{mag} = 90$ Hz leicht ab. Die Abstände der Punkte untereinander ändern sich mit variierter f_{mag} auch hier nicht signifikant.

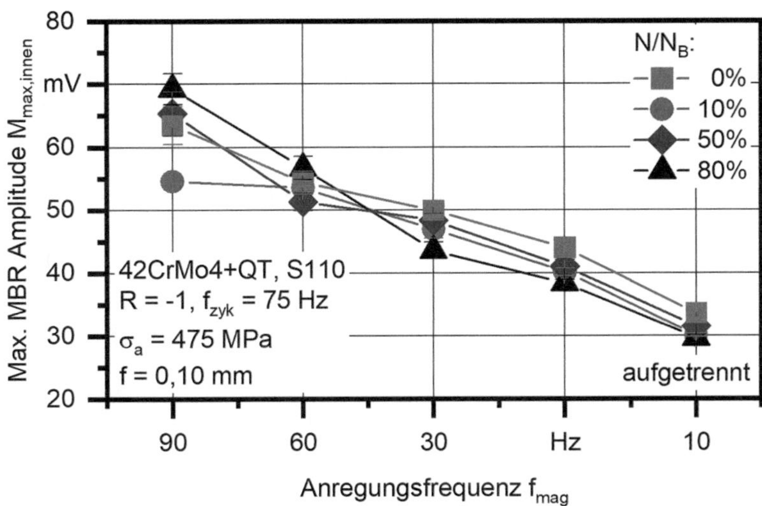

Abbildung 6.47 Maximale Barkhausenrauschen-Amplitude M_{max} bei Variation der Anregungsfrequenz an repräsentativen Ermüdungszuständen, f = 0,10 mm, S110

Es kann zusammengefasst werden, dass die Magnetisierungsfrequenz f_{mag} so gewählt werden muss, dass es zu einer stabilen Ausprägung des Magnetfelds kommt. Dies ist insbesondere der Fall, wenn die Anregung des Magnetfelds und die Messung des Barkhausenrauschens an separaten Orten stattfindet, wie es bei den Messungen an der Bohrungswand der Fall ist. Jedoch ist die Variation von f_{mag} nicht dazu geeignet, eine Tiefeninformation aus dem untersuchten Bauteil zu erhalten.

Im Folgenden wurden die Bandpassfilter-Frequenzen in zwei unterschiedlichen Abstufungen variiert. Einerseits, wie bereits in Abschnitt 6.1.3, mit einem quadratischen Ansatz und andererseits mit einem linearen Ansatz. Hohe Bandpassfilter-Frequenzen führen, aufgrund des Skin-Effekts, zu einer geringen Eindringtiefe. So steigt in den folgenden Diagrammen die Eindringtiefe des Messsignals von der linken zur rechten Seite des Diagramms an.

Die Koerzitivfeldstärke Φ_{cm} bei quadratisch variierter Bandpassfilter-Frequenz f_{bp} ist in Abbildung 6.48 dargestellt. Es ist festzustellen, dass die Veränderung der Bandpassfilter-Frequenz auf die Proben zwischen 0 % und 50 % N_B im Bereich zwischen f_{bp} = 2–4 kHz und 128–256 kHz keinen signifikanten Einfluss hat. Bei der geringsten Bandpassfilter-Frequenz von 1–2 kHz fällt die Koerzitivfeldstärke von 0 % und 50 % N_B stark ab. Bei 0 % N_B wurden stark negative Werte von Φ_{cm} festgestellt. Die Koerzitivfeldstärke der 80 % N_B Probe liegt deutlich unterhalb des Niveaus der anderen Proben und streut merklich mit f_{bp}. Bei einer Bandpassfilter-Frequenz von $f_{bp} = 32\text{–}34$ kHz ist die Koerzitivfeldstärke negativ.

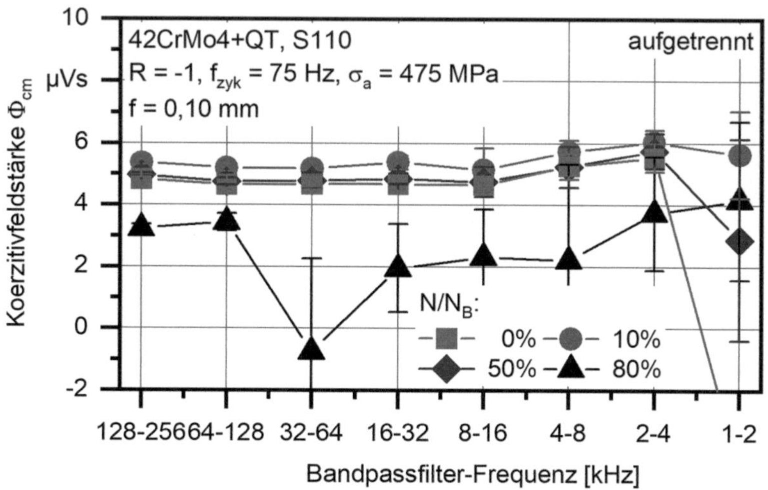

Abbildung 6.48 Koerzitivfeldstärke Φ_{cm} bei exponentieller Variation der Bandpassfilter-Frequenz an repräsentativen Ermüdungszuständen, f = 0,10 mm, S110

In Abbildung 6.49 ist die Entwicklung der Koerzitivfeldstärke und der linear variierten Bandpassfilter-Frequenz dargestellt. Wie zuvor bei der exponentiellen Variation der Frequenz ist auch hier, bei den drei weniger stark ermüdeten Proben, kein Einfluss auf Φ_{cm}, festzustellen. Ebenfalls liegen die Werte der Probe, die bis 80 % N_B ermüdet wurde, signifikant unterhalb der der anderen Proben. Ebenso schwankt die Koerzitivfeldstärke der Probe massiv und wird bei niedrigen Bandpassfilter-Frequenzen negativ.

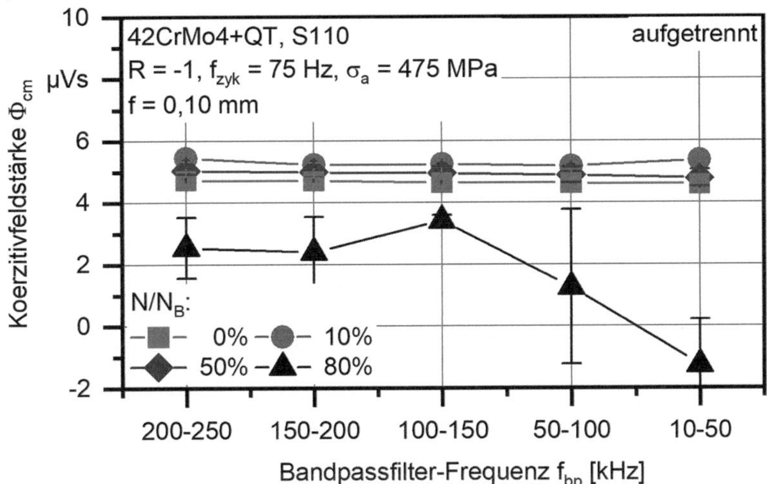

Abbildung 6.49 Koerzitivfeldstärke Φ_{cm} bei linearer Variation der Bandpassfilter-Frequenz an repräsentativen Ermüdungszuständen, f = 0,10 mm, S110

Die Variation der Bandpassfilter-Frequenz hat generell keinen signifikanten Einfluss auf die Auswertung der Koerzitivfeldstärke. Ein breites analysiertes Frequenzband scheint allerdings die Messwerte zu stabilisieren und die Streuung zu verringern. Die starke Streuung der 80 % N_B Probe kann darauf hindeuten, dass es durch die Verformung zur Bildung eines zweiten Peaks, wie ihn auch Blaow et al. [97,98] beobachtet haben, gekommen ist. Wenn beide Peaks eine vergleichbare Höhe aufweisen, kann es in der Auswertung zum Springen zwischen den Peaks und damit verbunden zu großen Streuungen der Messwerte kommen.

In Abbildung 6.50 ist die maximale Barkhausenrauschen-Amplitude M_{max} für vier unterschiedliche Ermüdungsfortschritte unter quadratisch variierten Bandpassfilter-Frequenzen f_{bp} dargestellt. M_{max} steigt bei allen betrachteten Proben exponentiell mit steigendem Bandpassfilterbereich. Die drei Proben mit geringeren Ermüdungsschädigungen lassen sich hier nicht voneinander unterscheiden. Es zeigt sich jedoch, dass bei hohen Bandpassfilter-Frequenzen die Differenzierung, zumindest der 80 % N_B Probe leichter fällt. Die maximale Barkhausenrauschen-Amplitude aller Proben gleicht sich mit sinkender Bandpassfilter-Frequenz an und ab dem Bandpassfilterbereich von $f_{bp} = 8{-}16$ kHz ist eine Unterscheidung nicht mehr möglich.

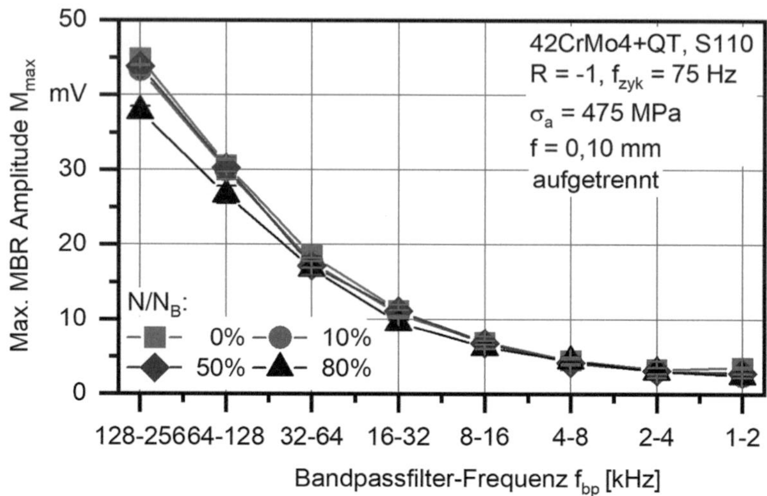

Abbildung 6.50 Maximale Barkhausenrauschen-Amplitude M_{max} bei exponentieller Variation der Bandpassfilter-Frequenz an repräsentativen Ermüdungszuständen, f =
0,10 mm, S110

Die in Abbildung 6.51 gezeigte Entwicklung der maximalen
Barkhausenrauschen-Amplitude M_{max} und der linearen Variation der
Bandpassfilter-Frequenz weicht stark von dem Verlauf der exponentiell
variierten f_{bp} ab. So ist hier kein exponentieller Anstieg bei steigendem
Bandpassfilterbereich zu erkennen. Lediglich bei der geringsten gewählten
Bandpassfilter-Frequenz von f_{bp} = 10–50 Hz fällt der Wert stark ab.

Da M_{max} sich mit der Bandpassfilter-Frequenz verändert und sich die Werte
bei niedrigeren Frequenzbändern, also größeren Eindringtiefen, annähern, ist
anzunehmen, dass eine Tiefensensitivität der M_{max}-Messungen mit diesem Ansatz
erreicht werden kann. Dabei erweist sich der lineare Ansatz als vielversprechen-
der, da hier keine so stark ausgeprägte Abhängigkeit der Höhe der Messwerte mit
der Breite der Frequenzbänder beobachtet werden konnte.

Bezüglich der Variation der Bandpassfilter-Frequenz f_{bp} kann festgehalten
werden, dass diese bei der Bewertung der Koerzitivfeldstärke Φ_{cm} breiter gewählt
werden sollte, da sie keine Tiefeninformation liefert. Dadurch kann die Streuung
der Messwerte reduziert und damit die Messqualität erhöht werden. Die maximale Barkhausenrauschen-Amplitude liefert durch die Variation von f_{bp} jedoch
eine Tiefeninformation und sollte daher unter variierter f_{bp} gemessen werden.

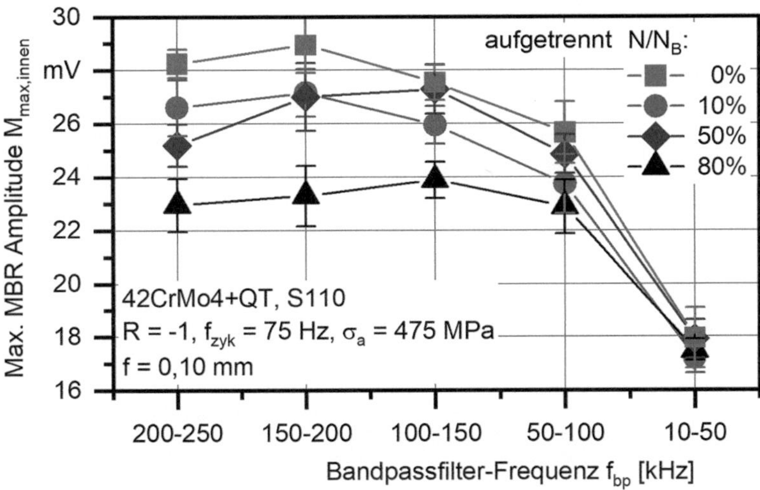

Abbildung 6.51 Maximale Barkhausenrauschen-Amplitude M_{max} bei linearer Variation der Bandpassfilter-Frequenz an repräsentativen Ermüdungszuständen, f = 0,10 mm, S110

Dabei ist der lineare Ansatz der f_{bp} Variation, gegenüber dem exponentiellen, zu bevorzugen.

6.3   Variation der Bohrparameter

Des Weiteren wurde in einer Versuchsreihe die Einflüsse der Kühlschmierstrategie in Kombination mit den Schnittwerten untersucht. Durch die Variationen entsteht ein anderes thermo-mechanisches Belastungskollektiv und damit eine Veränderung der Randzonenbeeinflussung. Untersucht wurden, neben dem bereits betrachteten Bohrprozess unter Tiefbohröl im Folgenden Öl genannt, eine Emulsion, wie sie in konventionellen Bearbeitungszentren Anwendung findet und ein auf Minimalmengenschmierung (MMS) basierender Ansatz. Variiert wurden zudem die Schnittparameter Schnittgeschwindigkeit v_c und der Vorschub f.

6.3.1   Ausgangszustand

<u>Mikrostruktur</u>

Zunächst wurde der nach dem Bohrprozess vorliegende Ausgangszustand der Bohrungsrandzonen untersucht. In Abbildung 6.52 sind lichtmikroskopische Bilder der Gefüge im Querschliff von drei Proben dargestellt, die mit variierten Schnittparametern unter Emulsion gebohrt wurden. Hier zeigt sich, wie auch an den unter Öl gebohrten Proben (Abbildung 6.1), ein in Schnittrichtung umgeformtes Vergütungsgefüge. In allen Proben ist ein WEL an der Oberfläche zu erkennen. Diese ist bei den mit geringerer Schnittgeschwindigkeit gebohrten Proben (a und b) stärker ausgeprägt.

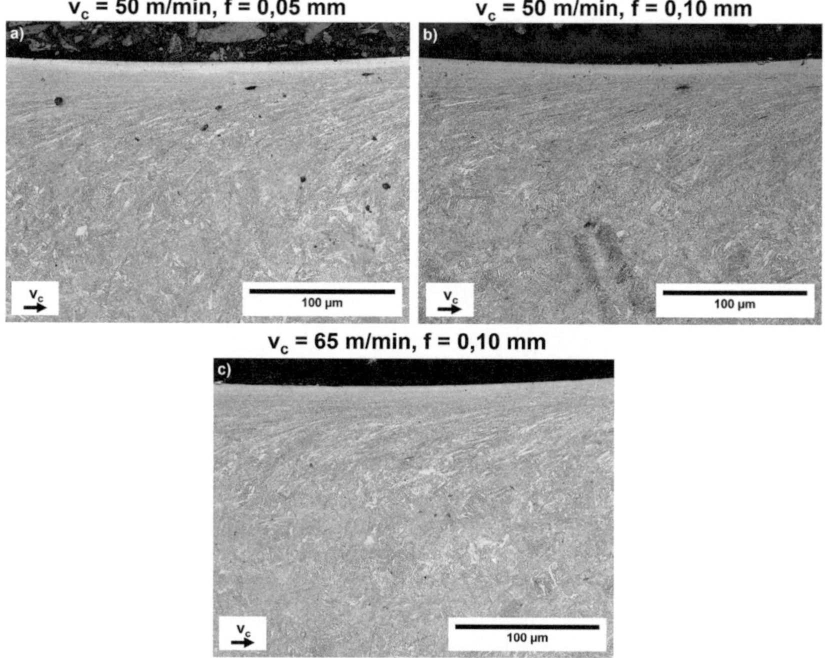

Abbildung 6.52 Lichtmikroskopische Aufnahmen am Querschliff der unter Emulsion gebohrten Proben mit variierten Schnittwerten, S190

Die Gefüge der unter MMS gebohrten Proben sind in Abbildung 6.53 gezeigt. Hier ist ebenfalls die bohrungsbedingte Gefügeverformung in Schnittrichtung zu erkennen. Die bereits an den unter Emulsion gebohrten Proben gesehenen WEL sind hier wesentlich stärker ausgeprägt. Vor allem bei den Proben mit $v_c = 50$ m/min, $f = 0,10$ mm (b) und $v_c = 65$ m/min, $f = 0,05$ mm (c) lässt sich die Schicht klar vom darunterliegenden Gefüge abgrenzen. In b) ist zusätzlich unterhalb des WEL ein dunkel anätzender Saum zu erkennen, der für einen thermisch induzierten WEL spricht [22].

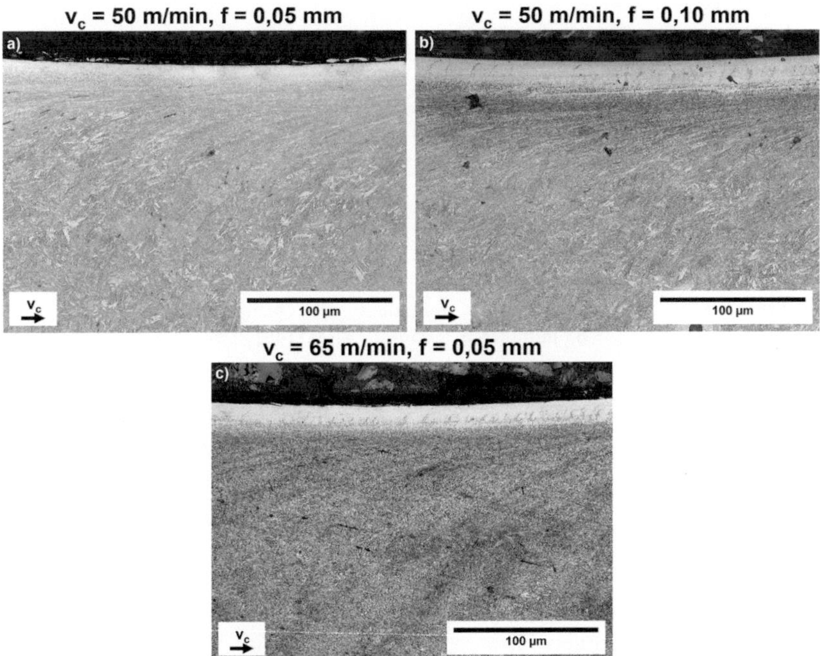

Abbildung 6.53 Lichtmikroskopische Aufnahmen am Querschliff der unter MMS gebohrten Proben mit variierten Schnittwerten, S190 [149]

Dieser WEL ist so spröde, dass es, wie in Abbildung 6.54 zu erkennen, innerhalb der Schicht zu einer Rissbildung und Abplatzungen von Teilen der Oberfläche kommt.

Abbildung 6.54 Lichtmikroskopische Aufnahme des Querschliffs einer unter MMS gebohrten Probe mit $v_c = 65$ m/min, $f = 0,05$ mm, S190 [149]

In Abbildung 6.55 ist ein EBSD-Scan einer mit gleichen Schnittparametern gebohrten Probe gezeigt. Das an der unter Öl gebohrten Probe (Abbildung 6.27) gut zu erkennende, in Schnittrichtung verformte, Gefüge ist hier kaum zu erkennen. Es ist zu einer rekristallisationsbedingten Kornfeinung im gesamten betrachteten Bereich gekommen [24,25]. Innerhalb der ersten 15 µm, was in etwa der Dicke des WEL entspricht, zeigt sich ein sehr feinkörniges Gefüge ohne eine Orientierung. Dieser Bereich weist einen Schatten auf, welcher durch das überlagerte Graustufen Fit-Mapping verursacht wird. Dieser Schatten deutet auf eine hohe Versetzungsdichte und damit auf einen hohen Umformgrad hin [162]. Darunter folgt ein etwas weniger feines Gefüge, ohne jegliche Orientierung. Erste Anzeichen einer Vorzugsorientierung lassen sich erst ab einem Oberflächenabstand von etwa 30 µm feststellen.

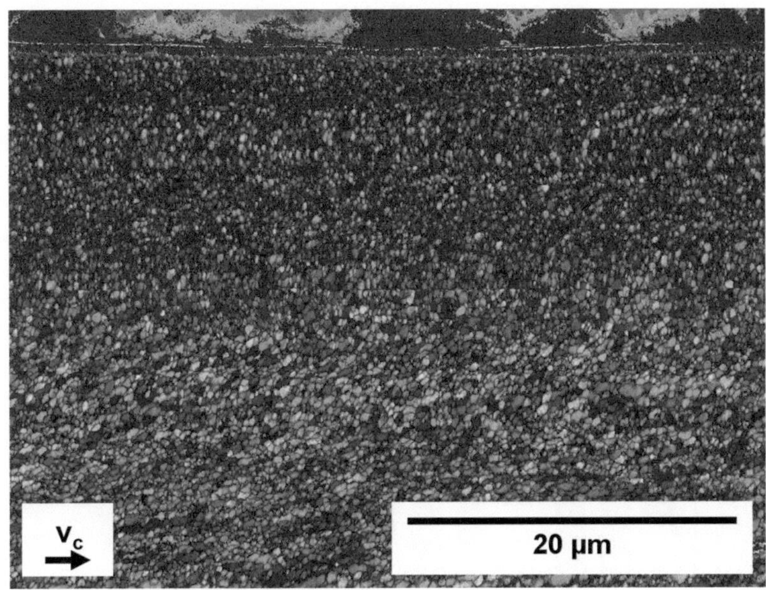

Abbildung 6.55 EBSD-Aufnahme des Querschliffs einer unter MMS gebohrten Probe mit $v_c = 65$ m/min, f = 0,05, S190 [149]

Die Gefüge der mit den alternativen Kühlschmierstrategien gebohrten Proben sind wesentlich stärker durch WEL geprägt. Dies ist damit zu begründen, dass durch die geringere Schmierleistung einerseits die Prozesskräfte und damit der Umformgrad steigen und andererseits, dass die Prozesswärme durch die schlechtere Kühlwirkung an der Wirkzone nicht aus dem Bauteil transportiert werden kann [153].

Eigenspannung

Der Eigenspannungszustand der mit variierten Parametern gebohrten Proben wurde in axialer und tangentialer Richtung mittels röntgendiffraktometrischen Untersuchungen bestimmt. Dabei fand das XRD in $\cos\alpha$-Geometrie mit einem Kollimatordurchmesser von $\varnothing_K = 0,2$ mm Anwendung.

Die Ergebnisse der Messung in axialer Richtung sind in Abbildung 6.56 dargestellt. Es ist zu erkennen, dass der ölgeschmierte Prozess zu den geringsten Druckeigenspannungen, zwischen $\sigma_{ES,a} = -300$ MPa und -550 MPa, an der Bohrungswand führte. Höhere Spannungen wurden durch den Bohrprozess unter

MMS mit $\sigma_{ES,a} = -680$ MPa und -770 MPa erreicht. Beim Einsatz von Emulsion als Kühlschmierstoff kommt es zu den höchsten Eigenspannungen. Hier wurden Eigenspannungen zwischen $\sigma_{ES,a} = -490$ MPa und -1220 MPa gemessen. Bei der Ölschmierung führt eine Erhöhung der Schnittgeschwindigkeit zu geringeren Druckeigenspannungen. Eine Erhöhung des Vorschubs hat weniger starke Auswirkungen. So sind bei $v_c = 65$ m/min im Vergleich zu $v_c = 50$ m/min leicht höhere Druckeigenspannungen gemessen worden. Unter Emulsion ist keine eindeutige Verknüpfung zu erkennen. Während bei einer Schnittgeschwindigkeit von $v_c = 50$ m/min eine Erhöhung des Vorschubs höhere Druckeigenspannungen induziert, führt dies bei einer Schnittgeschwindigkeit von $v_c = 65$ m/min zu einem Absinken dieser. Bei den unter MMS gebohrten Proben ist keine Abhängigkeit von den Schnittwerten zu erkennen.

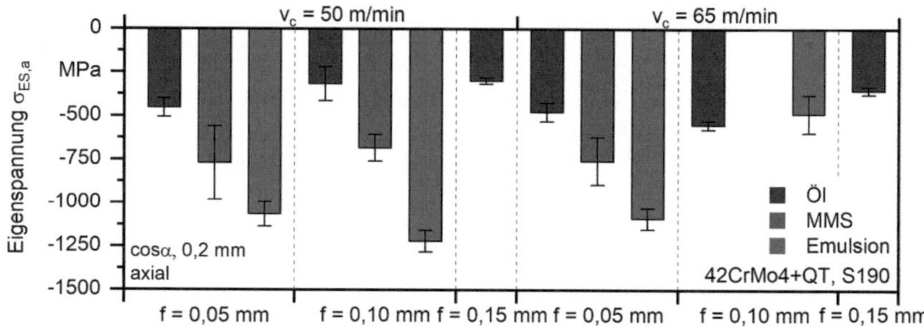

Abbildung 6.56 Axiale Eigenspannungen $\sigma_{ES,a}$ nach dem Bohren mit variierter Kühlschmier-Strategie und Schnittwerten, S190

Die Werte der eingebrachten tangentialen Eigenspannungen sind in Abbildung 6.57 abgebildet. Hier ist der Einfluss der Schnittwerte weniger stark ausgeprägt. Die Ausprägung der tangentialen Eigenspannungen wird klar durch die Wahl der Kühlschmier-Strategie dominiert. So können an unter Öl gebohrten Proben tangentiale Eigenspannungen zwischen $\sigma_{ES,t} = -245$ MPa und -425 MPa gemessen werden. Der Prozess unter Emulsion führt zu geringeren tangentialen Eigenspannungen zwischen $\sigma_{ES,t} = -130$ MPa und -590 MPa. Signifikant höhere Eigenspannungen weisen in dieser Messrichtung die unter MMS gebohrten Proben auf, bei denen Eigenspannungen von $\sigma_{ES,t} = -615$ MPa und -845 MPa gemessen wurden.

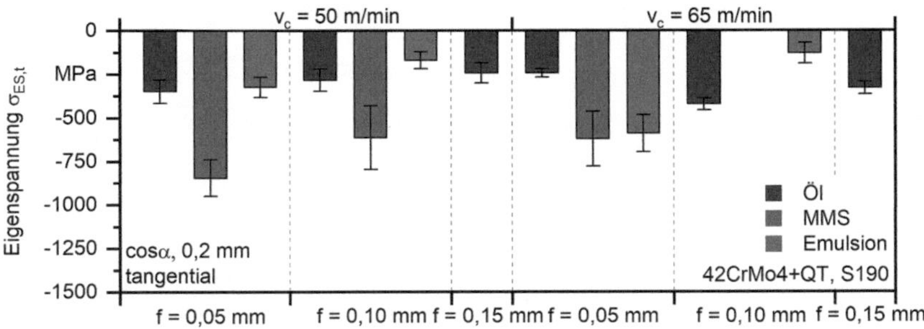

Abbildung 6.57 Tangentiale Eigenspannungen $\sigma_{ES,t}$ nach dem Bohren mit variierter Kühlschmier-Strategie und Schnittwerten, S190

Für ausgewählte Bohrparameterkombinationen wurden zusätzlich zu den oberflächennahen Messungen Tiefenverläufe angefertigt. In Abbildung 6.58 sind die der Eigenspannungen in axialer Richtung dargestellt. Der Abbau der Eigenspannungen der unter Öl gebohrten und der unter Emulsion gebohrten Proben weist eine vergleichbare Steigung auf. Während die unter Öl gebohrte Probe mit den Schnittwerten $v_c = 50$ m/min und $f = 0,05$ mm von $\sigma_{ES,a} = -470$ MPa an der Oberfläche um 320 MPa auf $\sigma_{ES,a} = -150$ MPa bei einer Messtiefe von 30 μm abfällt, fallen die Eigenspannungen der unter Emulsion, mit gleichen Schnittwerten gebohrten Proben, bei einer Tiefe von 28 μm von $\sigma_{ES,a} = -1080$ MPa an der Oberfläche um 340 MPa auf $\sigma_{ES,a} = -740$ MPa. Die Eigenspannungen der unter MMS gebohrten Probe fallen wesentlich stärker. So sinken die Spannungen von $\sigma_{ES,a} = -1010$ MPa an der Oberfläche binnen 20 μm um 470 MPa auf $\sigma_{ES,a} = -540$ MPa. Ein signifikanter Einfluss der Schnittwerte auf den Spannungsabbau in Tiefenrichtung ist nicht zu erkennen. So ist bei der unter Öl gebohrten Probe mit höheren Schnittwerten ein etwas flacherer Anstieg als bei der anderen festzustellen, wohingegen die höheren Schnittwerte unter MMS zu einem steileren Anstieg der Eigenspannungen führt.

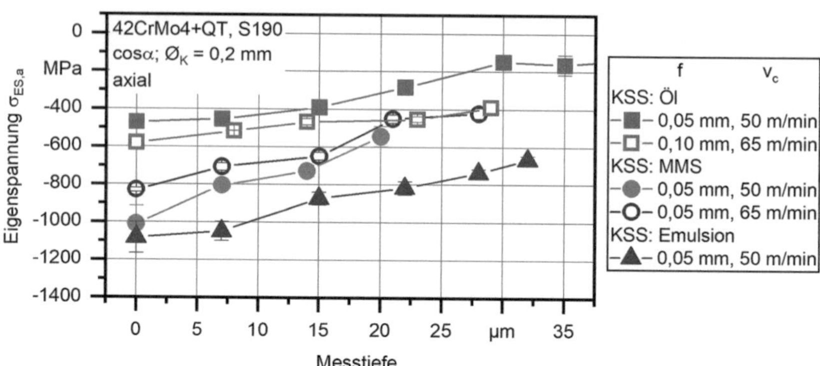

Abbildung 6.58 Eigenspannungstiefenverläufe in axialer Richtung nach dem Bohren mit variierter Kühlschmier-Strategie und Schnittwerten, S190

Die Darstellung der Eigenspannungstiefenverläufe in tangentialer Richtung ist in Abbildung 6.59 zu finden. Hier ist zwischen den unter Öl gebohrten Proben und den unter Emulsion gebohrten Proben kein signifikanter Unterschied zu erkennen. Die oberflächennahen Eigenspannungen aller Proben liegen bei etwa $\sigma_{ES,t} = -400$ MPa und bauen sich stetig bis unter $\sigma_{ES,t} = -200$ MPa bei 30 μm ab. Die unter MMS gebohrten Proben weisen einen wesentlich steileren Abfall der Druckeigenspannungen auf. Die Probe mit $v_c = 65$ m/min fällt von einer Oberflächenspannung von $\sigma_{ES,t} = -830$ MPa nach 7 μm um 390 MPa auf $\sigma_{ES,t} = -440$ MPa und pendelt sich nach weiteren 7 μm auf unter $\sigma_{ES,t} = -200$ MPa ein. Die mit einer Schnittgeschwindigkeit von $v_c = 65$ m/min unter MMS gebohrte Probe weist, ausgehend von $\sigma_{ES,t} = -570$ MPa an der Oberfläche, in 15 μm Tiefe mit $\sigma_{ES,t} = -10$ MPa keine signifikanten Eigenspannungen mehr auf.

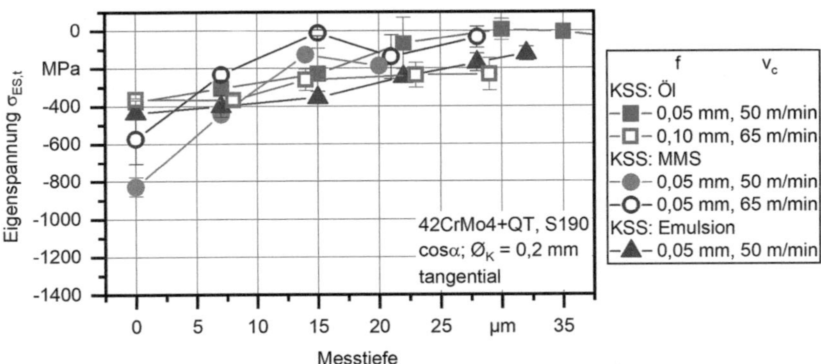

Abbildung 6.59 Eigenspannungstiefenverläufe in axialer Richtung nach dem Bohren mit variierter Kühlschmier-Strategie und Schnittwerten, S190

Die Eigenspannungsuntersuchungen haben gezeigt, dass vor allem die Wahl der Kühlschmier-Strategie einen entscheidenden Einfluss auf das induzierte Eigenspannungsprofil hat. Während die unter Emulsion gebohrten Proben in axialer Richtung sehr hohe Eigenspannungen aufweisen, liegen die in tangentialer Richtung weit darunter. Die Eigenspannungen der unter MMS gebohrten Proben liegen zwar in axialer und tangentialer Richtung in vergleichbarer Höhe vor, bauen sich jedoch in Tiefenrichtung sehr schnell ab. Die unter Öl gebohrten Proben weisen die geringsten Eigenspannungswerte sowohl in axialer als auch tangentialer Richtung auf. Dafür sind diese jedoch in vergleichbarer Höhe und bauen sich in Tiefenrichtung vergleichsweise langsam ab.

Es ist davon auszugehen, dass die Höhe der Eigenspannungen mit dem Bohrmoment M_D korreliert. Das Bohrmoment M_D repräsentiert im Gegensatz zur Vorschubkraft F_f die auf den Umfang wirkenden und damit zur Umformung beitragenden Kräfte. In Abbildung 3.10 ist zu erkennen, dass die höchsten Bohrmomente unter Emulsion, gefolgt von den unter MMS und Öl, gemessen wurden [153].

Die Eigenspannungen aller Varianten liegen eindeutig im Druckbereich, auch solche, wie bspw. die unter MMS mit v_c= 50 m/min, f = 0,10 mm gebohrt wurden (Abbildung 6.53), die entsprechend ihres dunkel an ätzenden Saums eindeutig einen thermisch induzierten WEL aufweist. Dies ist vermutlich damit zu begründen, dass es beim Einlippen-Tiefbohren zu zwei Kontakten kommt [14]. Der erste Kontakt erfolgt durch die Schneide, welche beim Spanen hohe

Temperaturen hervorruft und damit den thermisch induzierten WEL mit Zugeigenspannungen erzeugt. Der zweite Kontakt erfolgt durch die Führungsleisten, die mit einer Umformung der Randzone die nach dem Prozess nachgewiesenen Druckeigenspannungen erzeugen.

6.3.2 Ermüdungsversuche

Da sich in den ersten Versuchsreihen zeigte, dass sich ein großer Anteil der mikromagnetischen Veränderungen in den ersten 10^4 Lastspielen abspielten, wurden die nachfolgenden Ermüdungsversuche mit einem servohydraulischen Schwingprüfsystem durchgeführt. Dieses System ist dazu geeignet, Versuche mit geringen Lastspielzahlen durchzuführen, und erleichtert durch seine hydraulischen Spannzeuge die Durchführung intermittierender Versuche.

Laststeigerungsversuche
Zunächst wurden LSV durchgeführt. In diesem Fall wurden die LSV nach jeweils zwei Stufen unterbrochen um MBR-Messungen durchführen zu können. Abbildung 6.60 zeigt die Entwicklung der Koerzitivfeldstärke Φ_{cm} und der maximalen Barkhausenrauschen-Amplitude M_{max} an zwei Proben, welche mit denselben Schnittwerten ($v_c = 50$ m/min; $f = 0{,}05$ mm) aber unterschiedlichen Kühlschmier-Strategien (Tiefbohröl und MMS) gebohrt wurden. Im Fall der unter Öl gebohrten Proben ist ein vergleichbares Verhalten der Koerzitivfeldstärke wie in den vorangegangenen ESV am Resonanzpulsator (Abbildung 6.21 und Abbildung 6.23) festzustellen. Φ_{cm} liegt vor dem Versuch bei etwa 6,5 μVs und fällt im Verlauf des Versuchs auf 2,2 μVs ab. Dabei ist zu bemerken, dass der Abfall erst ab einer Spannungsamplitude von $\sigma_a = 400$ MPa einsetzt. Die Koerzitivfeldstärke der mittels MMS gebohrten Probe zeigt im gesamten Versuch keine signifikante Veränderung.

Die maximale Barkhausenrauschen-Amplitude M_{max} der unter Öl gebohrten Probe steigt, von einzelnen Ausreißern abgesehen, kontinuierlich von $M_{max} = 20$ mV vor Versuchsbeginn auf 45 mV beim Probenversagen an. Dieser Anstieg ist im Vergleich zu den ESV wesentlich stärker ausgeprägt. Die unter MMS gebohrte Probe zeigt eine vergleichbare Streuung, fällt aber von 32 auf 28 mV ab. Beide Proben zeigen einen starken initialen Anstieg von M_{max} um etwa 7 mV.

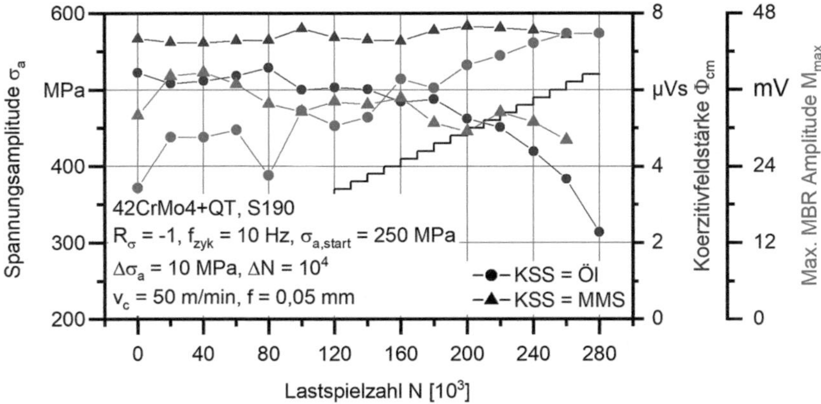

Abbildung 6.60 Koerzitivfeldstärke Φ_{cm} und der maximale Barkhausenrauschen-Amplitude M_{max} im Laststeigerungsversuch an unter Öl und MMS gebohrten Proben, S190

In Abbildung 6.61 sind die Verläufe der Koerzitivfeldstärke Φ_{cm} aller unter Öl gebohrten Proben dargestellt. Der Abfall von Φ_{cm} ist bei der geringsten Vorschubgeschwindigkeit von f = 0,05 mm, unabhängig von der Schnittgeschwindigkeit, am stärksten ausgeprägt. Mit steigender Vorschubgeschwindigkeit nimmt dieses Verhalten ab und ist bei f = 0,15 mm nicht mehr nachzuweisen.

Abbildung 6.62 zeigt die Entwicklung der Koerzitivfeldstärke der MMS-Proben. Es ist bei keiner Schnittparameterkombination eine Reaktion von Φ_{cm} festzustellen. Die Koerzitivfeldstärken aller Versuche streuen um 7 µVs.

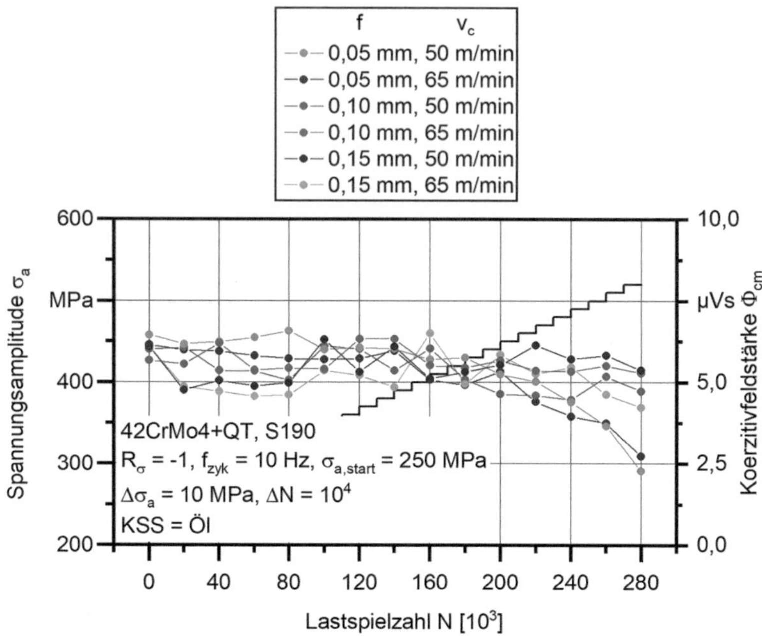

Abbildung 6.61 Koerzitivfeldstärke Φ_{cm} aller unter Öl gebohrter Proben im Laststeigerungsversuch, S190

Die Entwicklung der max. Barkhausenrauschen-Amplitude aller unter Öl gebohrten Proben ist in Abbildung 6.63 abgebildet. Die stärksten Reaktionen zeigen wie zuvor in Abbildung 6.61 die Proben die mit einem Vorschub von $f = 0{,}05$ mm gebohrt wurden. Diese steigen von 21 mV ($v_c = 50$ m/min) bzw. 25 mV ($v_c = 65$ m/min) auf 44 mV an. Dieses Verhalten nimmt mit steigender Vorschubgeschwindigkeit ab. Der Anstieg setzt bei $f = 0{,}10$ mm erst nach $\sigma_a = 400$ MPa ein. Bei $f = 0{,}15$ mm erfährt M_{max} im Verlauf des Versuchs keine Veränderung. Allen Untersuchungen gemein ist ein ausgeprägter initialer Anstieg.

In Abbildung 6.64 ist die maximale Barkhausenrauschen-Amplitude M_{max} der unter MMS gebohrten Proben dargestellt. Diese Proben zeigten einen den unter Öl gebohrten Proben entgegengesetzten Verlauf. Während die Werte der unter Öl gebohrten Proben stetig anstiegen, so fällt M_{max} bei den MMS-Proben für alle Schnittparameterkombinationen im Verlauf des LSV ab.

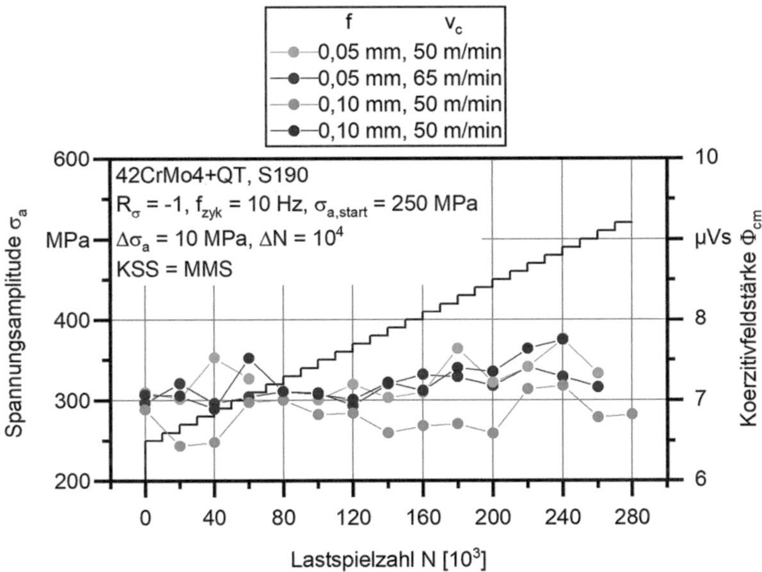

Abbildung 6.62 Koerzitivfeldstärke Φ_{cm} aller unter Minimalmengenschmierung gebohrter Proben im Laststeigerungsversuch, S190

Es ist festzuhalten, dass die Sensitivität des Barkhausenrauschens vom Bohrprozess abhängig ist. So ist Φ_{cm} im Fall der unter Öl gebohrten Proben sehr gut geeignet und detektiert eine erste Werkstoffreaktion bereits bei 400 MPa. Diese ist die in den Resonanzpulsatorversuchen ermittelte Ermüdungsfestigkeit und liegt etwa 50 MPa unterhalb der in 6.2.1 konventionell ermittelten ersten Werkstoffreaktion. M_{max} ist für diese Kühlschmier-Strategie weniger geeignet die Ermüdungsschädigung zu charakterisieren. Im Fall der unter MMS gebohrten Probe ist keine signifikante Korrelation der Koerzitivfeldstärke Φ_{cm} mit dem Ermüdungsfortschritt festzustellen. Die maximale Barkhausenrauschen-Amplitude M_{max} ist in diesem Fall besser geeignet. Dieses Verhalten ist mit der Ausbildung von WEL bei höheren Vorschub- und Schnittgeschwindigkeitskombination zu erklären. So zeigte Strodick et al. [113] das die Bildung von WEL das Barkhausenrauschen so dominiert, dass andere Korrelationen nur schwer festzustellen sind. Allerdings fanden Sie an Proben mit WEL geringere Werte von M_{max} als an Proben ohne WEL. In den hier durchgeführten Versuchen wurden an WEL-behafteten Proben tendenziell höhere M_{max}-Werte gefunden.

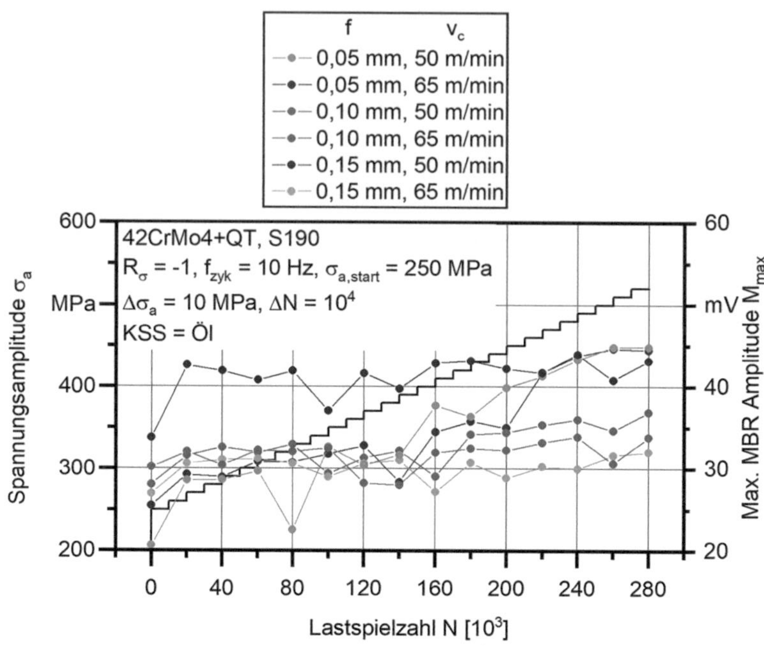

Abbildung 6.63 Maximale Barkhausenrauschen-Amplitude M_{max} aller unter Öl gebohrten Proben im Laststeigerungsversuch, S190

Die LSV wurden weiterhin mit einem Wirbelstromsensor instrumentiert. Die Versuche wurden nach jeder Laststufe für 5 min zum Abkühlen angehalten, um damit den Temperatureinfluss zu minimieren. In Abbildung 6.65 ist die Entwicklung des komplexen Wirbelstromsignals während des Versuchs dargestellt. In Schwarz sind alle erfassten Messwerte dargestellt. In Falschfarben sind die oberen bzw. unteren Umkehrpunkte des Wirbelstromsignals markiert. Der obere Wendepunkt beschreibt dabei den Zugbereich und der untere Wendepunkt den Druckbereich. Das Wirbelstromsignal kann durch seine Amplitude A_{WS} und die Phase φ_{ES} beschrieben werden. Es ist zu erkennen, dass vor allem im Zugbereich die einzelnen Spannungsstufen des LSV zu erkennen sind. Sie äußern sich durch einen Anstieg des Abstands des Wendepunkts zum Koordinatenursprung, was durch die Wirbelstromamplitude A_{WS} beschrieben wird. Zusätzlich kommt es ab etwa 10^5 Lastspielen neben der linearen Verschiebung zu einer Verkippung der Achse. Diese wird durch eine Veränderung der Wirbelstrom Phase φ_{ES} erfasst.

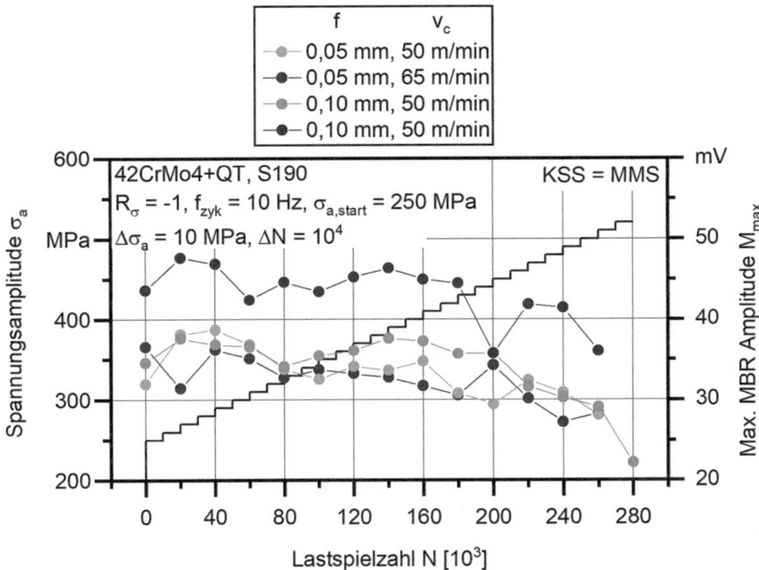

Abbildung 6.64 Maximale Barkhausenrauschen-Amplitude M_{max} aller unter Minimalmengenschmierung gebohrter Proben im Laststeigerungsversuch, S190

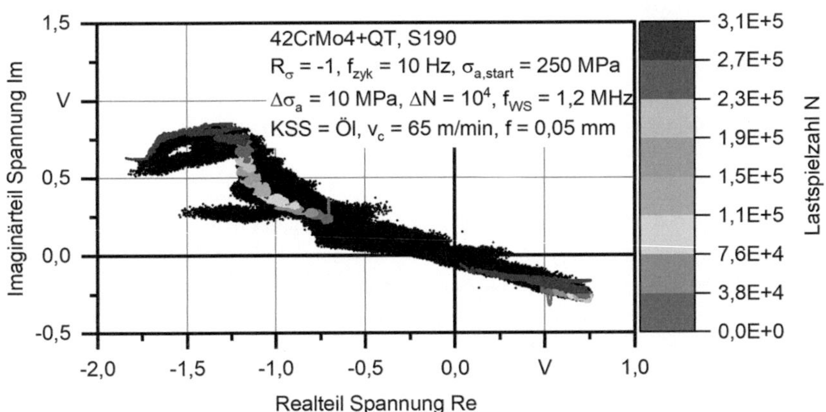

Abbildung 6.65 Komplexe Darstellung der Wirbelstrommessung eines Laststeigerungsversuchs, v_c = 65 m/min f = 0,05 mm, Öl, S190

In Abbildung 6.66 sind die Wirbelstrom Amplitude A_{WS} und die Phase φ_{ES} mit den konventionellen Messwerten plastische Dehnungsamplitude $\varepsilon_{a,p}$ und Temperaturänderung ΔT dargestellt. Wie bereits zuvor in Abbildung 6.65 beschrieben, ist zu erkennen, dass $A_{WS,O}$ mit der Spannungsamplitude ansteigt. Der Anstieg der Kurve erfolgt stufenweise mit Erhöhung der Spannungsamplitude. Ab etwa $\sigma_a = 400$ MPa verringert sich die Steigung von $A_{WS,O}$. Von $\sigma_a = 500$ MPa bis zum Versuchsende kommt es zu einem exponentiellen Anstieg der Wirbelstromamplitude. Die Phase des Wirbelstromsignals $\varphi_{WS,O}$ fällt von Beginn des Versuchs an leicht ab. Dieser Abfall verstärkt sich ab einer Spannungsamplitude von $\sigma_a = 370$ MPa merklich, bis es ab $\sigma_a = 500$ MPa zum exponentiellen Anstieg bis zum Probenbruch kommt.

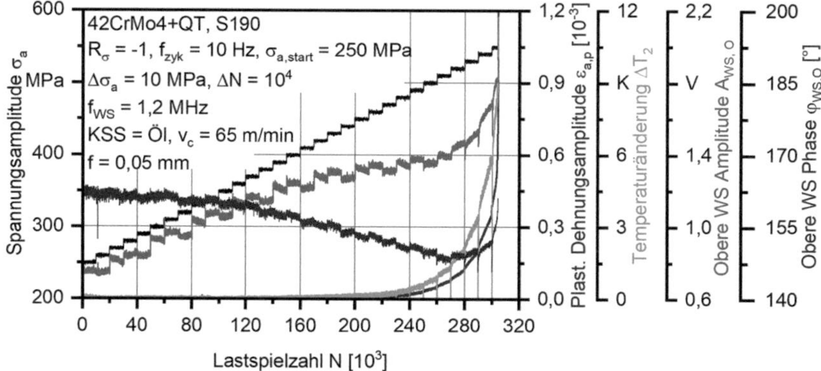

Abbildung 6.66 Mit Wirbelstrommessung instrumentierter Laststeigerungsversuch, $v_c =$ 65 m/min f $= 0,05$ mm, Öl, S190

Abbildung 6.67 zeigt dieselben Versuchsdaten, jedoch wurde nun der Startwert von $A_{WS,O}$ und $\varphi_{WS,O}$ bei jeder Stufe auf den Endwert der Vorhergehenden gesetzt. Dadurch wird der Einfluss der mechanischen Spannungsamplitude σ_a auf das Wirbelstromsignal herausgerechnet. Diese bleibt nun bis $\sigma_a = 500$ MPa konstant und steigt anschließend exponentiell bis zum Probenversagen. Es ist nun ersichtlich, dass die Wirbelstromamplitude $A_{WS,O}$ maßgeblich von der mechanischen Spannung beeinflusst wird. Der Verlauf der Wirbelstromphase $\varphi_{WS,O}$ ist hingegen nicht signifikant verändert. Dies zeigt die Unabhängigkeit der Phase von der mechanischen Spannung. Da ein thermischer Einfluss durch die Versuchsführung auszuschließen ist, ist anzunehmen, dass die Veränderung der Wirbelstromamplitude $\varphi_{WS,O}$ von einer verformungsbedingten Änderung der Permeabilität [73] verursacht wird.

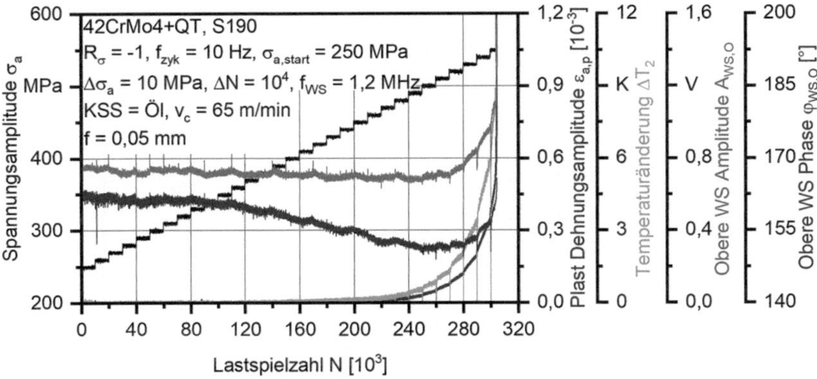

Abbildung 6.67 Mit Wirbelstrommessung instrumentierter Laststeigerungsversuch mit herausgerechneten Stufensprüngen, v_c = 65 m/min f = 0,05 mm, Öl, S190

Die Verläufe der oberen Wirbelstromamplitude $A_{WS,O}$ aller untersuchten Parameterkombinationen sind in Abbildung 6.68 zu finden. Zunächst lässt sich festhalten, dass der Spannungsamplituden-Zusammenhang bei den Versuchen mit höherem Vorschub f stärker ausgeprägt ist. Die unter MMS gebohrten Proben zeigen bzgl. der Spannungsamplitude mit den zuvor untersuchten Proben vergleichbares Verhalten. Weiterhin ist bei den Proben die unter Öl, mit einem Vorschub von f = 0,10 mm oder größer, gebohrt wurden, sowie den unter MMS gebohrten Proben wesentlich eher vor dem Bruch ein Übergang vom linearen zum exponentiellen Anstieg auszumachen.

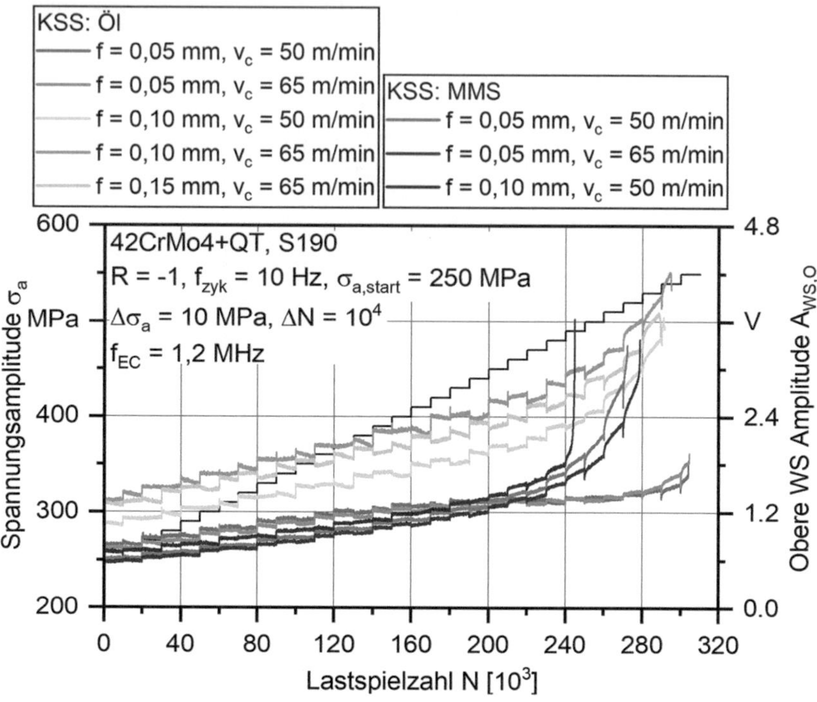

Abbildung 6.68 Wirbelstrom-Amplitude $A_{WS,O}$ im Laststeigerungsversuch bei allen untersuchten Kühlschmierstoff und Bohrparameterkombinationen, S190

In Abbildung 6.69 ist die Entwicklung der Wirbelstrom-Phase $\varphi_{WS,O}$ aller untersuchten Schnittparameter und Kühlschmier-Strategien abgebildet. Hier ist im Gegensatz zur Wirbelstromamplitude $A_{WS,O}$ eine höhere Sensitivität für Proben mit niedrigen Schnittwerten zu erkennen. $\varphi_{WS,O}$ fällt bei den mit f = 0,05 mm unter Öl gebohrten Proben im Versuch kontinuierlich, bis kurz vor dem Bruch, ab. Bei Proben die mit höheren Schnittparametern gebohrt wurden, ist dieses Verhalten nicht festzustellen. So bleibt $\varphi_{WS,O}$ bei diesen Versuchen bis kurz vor dem Bruch konstant und steigt dann exponentiell. Diese Abhängigkeit ist im Fall der unter MMS gebohrten Proben umgekehrt. So steigt $\varphi_{WS,O}$ der mit f = 0,05 mm und v_c = 50 m/min gebohrten Probe kontinuierlich bis kurz vor dem Bruch an und fällt dann exponentiell ab. Bei den Proben die mit f = 0,05 mm und $v_c = 65$ m/min sowie $f = 0{,}10$ mm und $v_c = 50$ m/min gebohrt wurden, bleibt $\varphi_{WS,O}$ über den Versuch konstant und fällt erst vor dem Bruch ab.

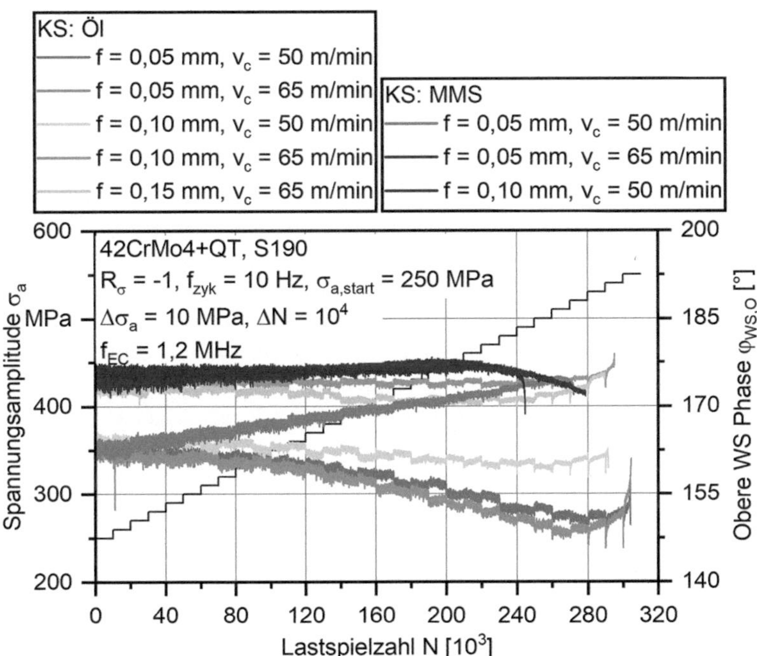

Abbildung 6.69 Wirbelstrom-Phase $\varphi_{WS,O}$ im Laststeigerungsversuch bei allen untersuchten Kühlschmierstoff und Bohrparameterkombinationen, S190

Es kann festgehalten werden, dass die Wirbelstromprüfung gute Indikatoren für die Bewertung der Ermüdungsfestigkeit liefert. Jedoch ist von entscheidender Bedeutung, dass die betrachtete Größe stets auf den Werkstoffzustand angepasst werden muss.

Einstufenversuche

Nachfolgend wurden, auf Basis der LSV, ESV am servohydraulischen Prüfsystem durchgeführt. Da die Ermüdungsversuche in Abschnitt 6.2 die größte Veränderung der MBR-Kennwerte während der ersten 10^4 Lastspiele zeigte wurde für die ESV eine höhere Spannungsamplitude von 530 MPa gewählt. Diese führt zu geringeren Bruchlastspielzahlen und erlaubt die Versuche, gerade zu Beginn der Belastung, mit einem geringeren Abstand zu unterbrechen. Die hier gezeigten Proben wurden vor dem Versuch sowie nach 1, 10, 50, 100, 500, 1.000, 5.000, 10.000, 15.000, 20.000, 25.000 und 30.000 Lastspielen hinsichtlich ihrer Barkhausenrauschen-Kennwerte untersucht.

Bei den in Abbildung 6.70 gezeigten Entwicklungen der Koerzitivfeldstärke Φ_{cm} der mit variierenden Schnittwerten gebohrten Proben im Ermüdungsversuch sind mehrere Beobachtungen festzuhalten. Zunächst wird ersichtlich, dass der zuvor in Abschnitt 6.2.3 gezeigte Abfall der Koerzitivfeldstärke im Verlauf der Ermüdungsversuche nicht bei allen Proben auftritt. Dieses Verhalten ist vor allem bei den mit dem geringsten Vorschub f = 0,05 mm gebohrten Proben zu beobachten. Die beiden mit einem Vorschub von f = 0,10 mm, sowie die mit f = 0,15 mm und v_c = 50 m/min, gebohrten Proben weisen bei dieser Spannungsamplitude einen steigenden Verlauf auf. Weiterhin ist zu bemerken, dass der zuvor beobachtete initiale Abfall von Φ_{cm} weder nach dem ersten Zyklus abgeschlossen ist, noch sich über die ersten 10^4 Lastspiele zieht. Stattdessen erfolgt er während der ersten 500–1000 Lastspiele bzw. im Bereich von 2,5–5,0 % N_B.

Die in Abbildung 6.71 dargestellten Verläufe hingegen, zeigen ein stark davon abweichendes Verhalten. So ist nur bei der unter MMS mit einer Schnittgeschwindigkeit von v_c = 50 m/min gebohrten Probe ein initialer Abfall der Koerzitivfeldstärke festzustellen. Bei allen anderen Proben ist ein anfänglicher Anstieg von Φ_{cm} zu verzeichnen. Die Proben Emulsion f = 0,10 mm, v_c = 50 m/min und MMS f = 0,05 mm, v_c = 65 m/min fallen nach dem initialen Anstieg binnen weniger Lastspiele annähernd wieder auf ihren Ausgangswert ab.

Im weiteren Verlauf der Ermüdungsbelastung ist bei allen hier untersuchten Proben, nach der initialen Veränderung, ein Abfall der Koerzitivfeldstärke fest zu stellen.

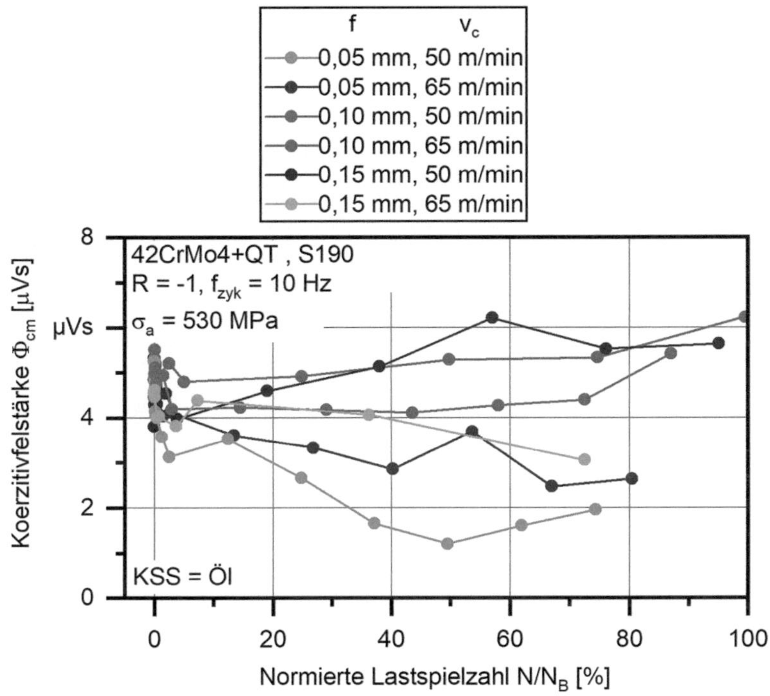

Abbildung 6.70 Koerzitivfeldstärke Φ_{cm} im Einstufenversuch der unter Öl gebohrten Proben, S190

Es ist festzuhalten, dass die zuvor gezeigte Abhängigkeit der Koerzitivfeldstärke von der Ermüdungsschädigung nicht bei allen Bohrparameter- und Kühlschmierstoff-Kombinationen gültig ist. Weiterhin konnte gezeigt werden, dass auch die initiale Veränderung der Koerzitivfeldstärke abhängig von der gewählten Kühlschmier-Strategie ist.

Die Entwicklung des bislang nicht betrachteten MBR-Parameters, Barkhausenrauschen-Amplitude am Remanenzpunkt M_r, in Ermüdungsversuche an unter Öl gebohrten Proben zeigt Abbildung 6.72. Hier wird deutlich, dass die Verläufe aller Schnittparameterkombinationen qualitativ gleich verlaufen. Während der ersten 1000 Lastspiele der Ermüdungsbelastung, steigt M_r stark an. Danach nimmt die Steigung ab, M_r steigt aber weiter konstant bis zum Probenversagen an.

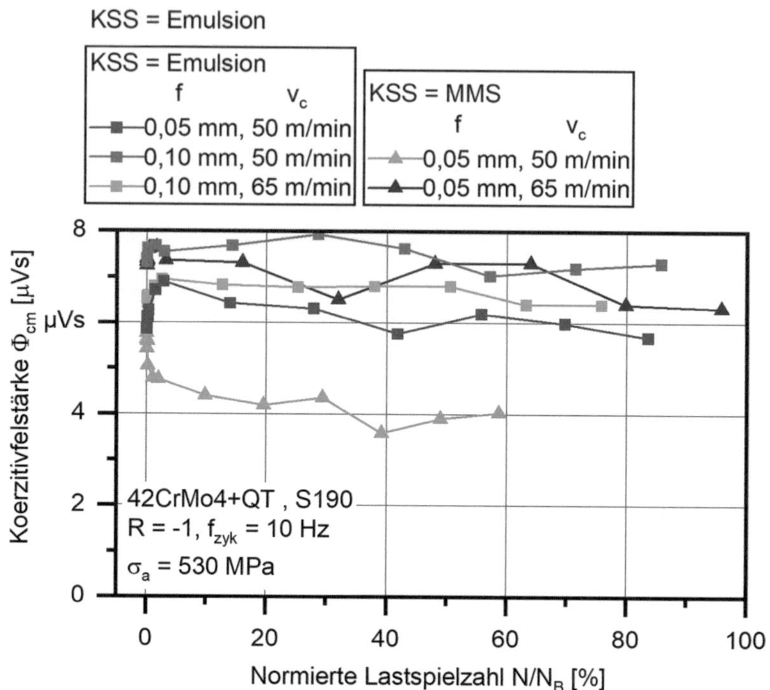

Abbildung 6.71 Koerzitivfeldstärke Φ_{cm} im Einstufenversuch der unter Emulsion und Minimalmengenschmierung gebohrten Proben im ESV, S190

Bemerkenswert ist, dass entgegen dem Verhalten der Koerzitivfeldstärke, auch die Barkhausenrauschen-Amplitude am Remanenzpunkt der unter Emulsion und MMS gebohrten Proben (Abbildung 6.73) ein analoges Verhalten zeigen. Zwar variiert die Intensität des initialen Anstiegs stark, aber alle Proben zeigen einen anschließenden Anstieg mit fortschreitender Ermüdungsbelastung.

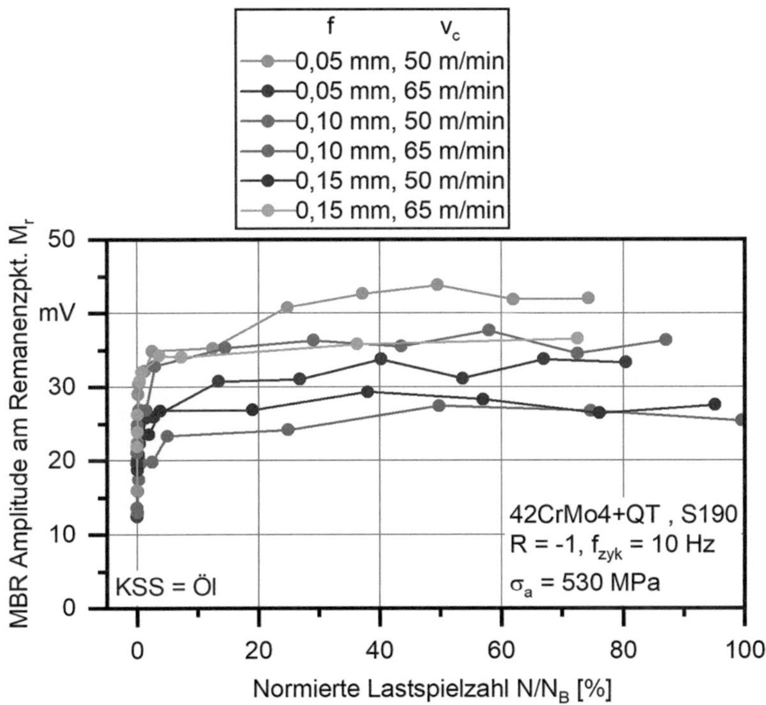

Abbildung 6.72 Barkhausenrauschen-Amplitude im Remanenzpunkt M_r im Einstufenversuch der unter Öl gebohrten Proben, S190

Die Barkhausenrauschen-Amplitude am Remanenzpunkt M_r scheint ein guter Indikator für den vermuteten Abbau der Eigenspannungen in den ersten Lastspielen, unabhängig von der Beschaffenheit der Randzone, zu sein. Dies kann damit zusammenhängen, dass es beim Auftreten eines WEL zur Bildung eines weiteren Barkhausenrauschen-Peaks kommt [114], welcher durch seine Position auf der M(Φ)-Kurve den Remanenzpunkt beeinflusst. Blaow et al. [118] zeigten, dass die beiden Peaks den Schichten der Randzone zugeordnet werden können und mit deren Eigenschaften korreliert.

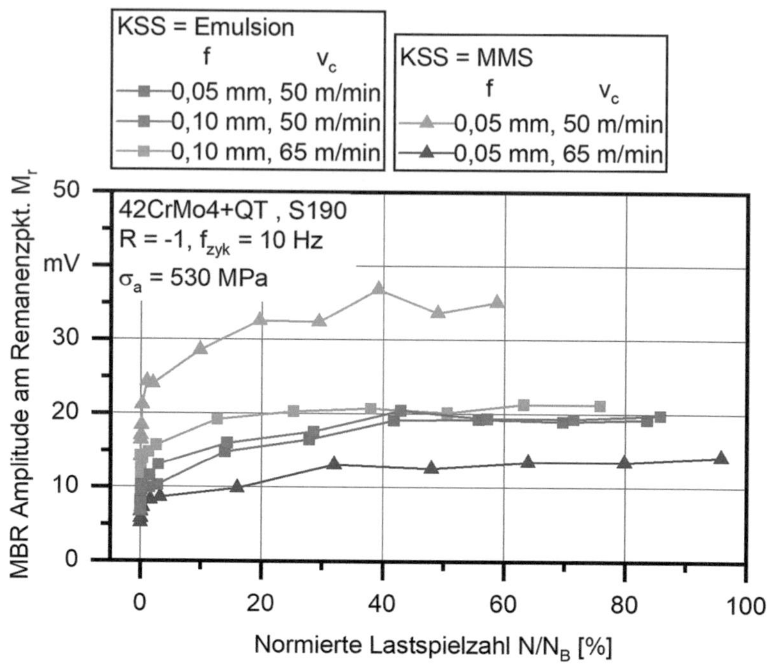

Abbildung 6.73 Barkhausenrauschen-Amplitude im Remanenzpunkt M_r im Einstufenversuch der unter Emulsion und Minimalmengenschmierung gebohrten Proben, S190

6.4   Modellbasierte Mikromagnetik-Korrelationen

Im Folgenden wurden die zuvor gefunden Korrelationen der mikromagnetischen Kennwerte mit der Ermüdungsschädigung sowie dem Eigenspannungszustand mit Hilfe mathematischer Zusammenhänge beschrieben.

6.4.1   Bewertung der Ermüdungsschädigung

Die in Abschnitt 6.2.2 durchgeführten Untersuchungen an Proben, welche mit variiertem Vorschub gebohrt und auf zwei unterschiedlichen Lastniveaus geprüft wurden, zeigten in Abbildung 6.21 und Abbildung 6.23, teilweise nach einer initialen Korrektur, einen kontinuierlichen, gleichmäßig abfallenden Verlauf der

Koerzitivfeldstärke Φ_{cm}. In Abbildung 6.74 wurde neben der Lastspielzahl auch die Koerzitivfeldstärke normiert. Es wurde allerdings dem initialen Abfall Rechnung getragen, indem die Normierung nicht auf die Messung bei 0 Lastspielen erfolgte, sondern auf die Messung nach 10^4 Lastspielen. Dadurch verschieben sich die Messpunkte aller Vorschubvarianten und Spannungsamplituden auf eine Linie.

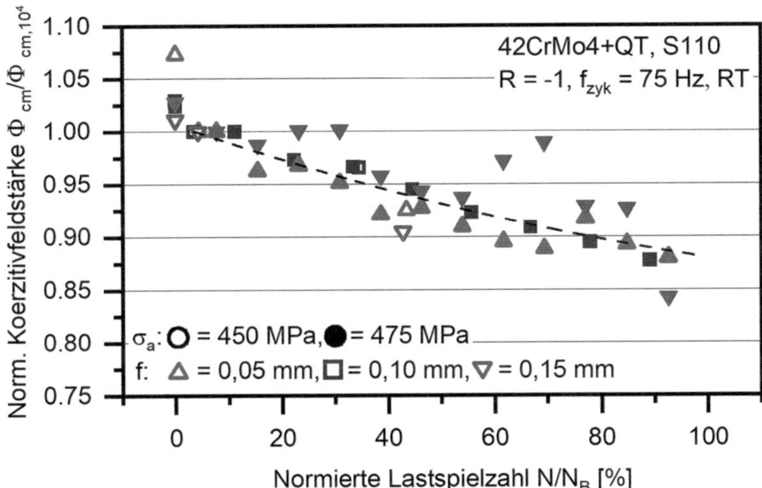

Abbildung 6.74 Doppelnormierte Darstellung der Entwicklung der Koerzitivfeldstärke im Ermüdungsversuch bei unterschiedlichen Spannungsamplituden an mit variiertem Vorschub gebohrten Proben, S110 [150]

Der daraus resultierende Zusammenhang ist in die obenstehende Abbildung eingetragen und lässt sich mit folgender quadratischer Gleichung beschreiben:

$$\frac{\phi_{cm}}{\phi_{cm,10^4}} = 1 - 0.174\frac{N}{N_B} + 0.048\left(\frac{N}{N_B}\right)^2 \tag{6.1}$$

Mit Hilfe dieser Gleichung lässt sich die Ermüdungsschädigung weitestgehend unabhängig von den Fertigungsparametern und der Höhe der Ermüdungsbelastung bewerten. Lediglich der mit einem Vorschub von $f = 0,15$ mm gebohrte Zustand kann zwar beschrieben werden, ist jedoch mit einer größeren Streuung behaftet.

6.4.2   Bewertung des Spannungszustands

Die Bewertung des in Abbildung 6.31 gezeigten Eigenspannungszustands auf
Basis der in Abbildung 6.38 gezeigten Messungen der Koerzitivfeldstärke erfolgt
in Abbildung 6.75. Es ist zu erkennen, dass es bis 50 % N_B einen starken linearen
Zusammenhang der beiden Kenngrößen gibt. Dieser Zusammenhang lässt sich
mit 6.2 beschreiben. Diese Regression ist mit einer Strich-Punkt-Linie in das
Diagramm eingezeichnet und weist ein Bestimmtheitsmaß von $R^2 = 96,93$ % auf.
Wenn die Regression um den Messpunkt bei 90 % N_B erweitert wird, ergibt sich
der in 6.3 beschriebene Zusammenhang, welcher mit einer gestrichelten Linie
eingezeichnet ist und ein leicht geringeres Bestimmtheitsmaß von $R^2 = 96,67$ %
aufweist.

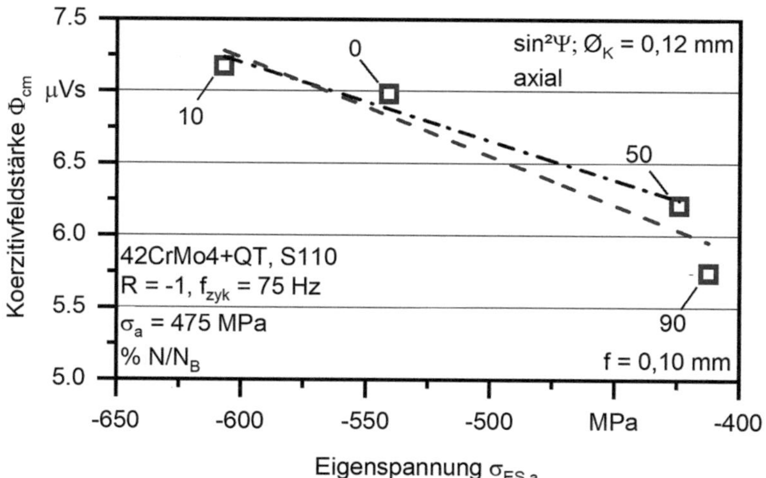

Abbildung 6.75   Korrelation der Koerzitivfeldstärke Φ_{cm} mit den Eigenspannungen $\sigma_{ES,a}$
der ersten Versuchsreihe, f = 0,10 mm S110 [156]

$$\phi_{cm} = 3,96 - 5,4 \cdot 10^{-3}\sigma_{ES} \tag{6.2}$$

$$\phi_{cm} = 3,15 - 6,8 \cdot 10^{-3}\sigma_{ES} \tag{6.3}$$

Eine Verifikation dieser Gleichungen erfolgte mit den in Abbildung 6.33 gezeigten Eigenspannungswerten und den in Abbildung 6.42 gezeigten Koerzitivfeldstärken Messungen. Die Abhängigkeit ist in Abbildung 6.76 gezeigt. Auch hier ist ein linearer Zusammenhang der Messgrößen erkennbar. Für den Bereich zwischen 0 % und 50 % N_B ist die Ausgleichgerade mit einer Strich-Punkt-Linie (6.4) und für den vollständigen Bereich bis 80 % N_B gestrichelt (6.5) eingezeichnet. Die Regression 6.4 weist ein Bestimmtheitsmaß von $R^2 = 96{,}93$ % auf, die Regression 6.5 ein geringeres Bestimmtheitsmaß von $R^2 = 91{,}68$ %.

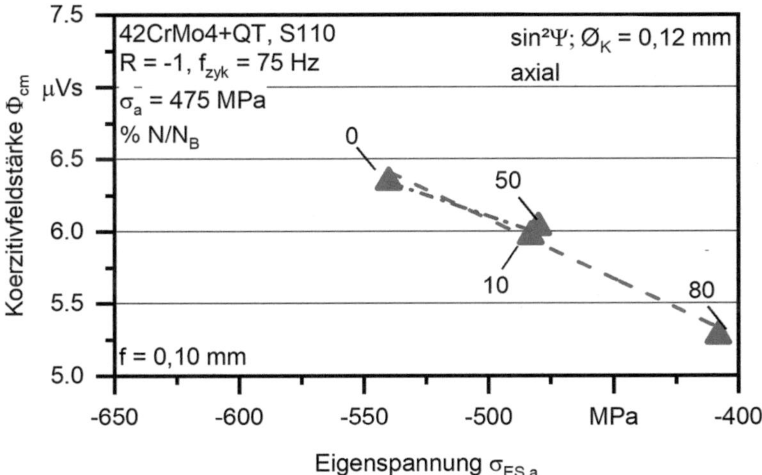

Abbildung 6.76 Korrelation der Koerzitivfeldstärke Φ_{cm} mit den Eigenspannungen $\sigma_{ES,a}$ der zweiten Versuchsreihe, f $=$ 0,10 mm S110

$$\phi_{cm} = 3{,}19 - 5{,}8 \cdot 10^{-3}\sigma_{ES} \tag{6.4}$$

$$\phi_{cm} = 1{,}98 - 8{,}2 \cdot 10^{-3}\sigma_{ES} \tag{6.5}$$

Es ist zu erkennen, dass die Steigungen in den Gleichungen 6.2 und 6.4, also der Bereich bis 50 % N_B beider Versuchsreihen, vergleichbar sind. Jedoch kommt es zu einem ausgeprägten Versatz der Koerzitivfeldstärke von etwa 0,5 µVs, respektive der Eigenspannung von etwa 150 MPa. Dies wird anhand der unterschiedlichen Y-Achsenabschnitte der Geradengleichungen deutlich. Durch eine Erweiterung des Bereichs bis 80 % N_B wird die Steigung der Geraden steiler

und mit ihr werden die Differenzen zwischen den beiden Versuchsreihen grö-
ßer. In Abbildung 6.77 sind die Messdaten beider Versuchsreihen dargestellt. Die
Beschreibung der Abhängigkeiten erfolgt mit der in 6.6 beschrieben Gleichung.
Das Bestimmtheitsmaß dieser Regression fällt auf $R^2 = 77{,}26$ %.

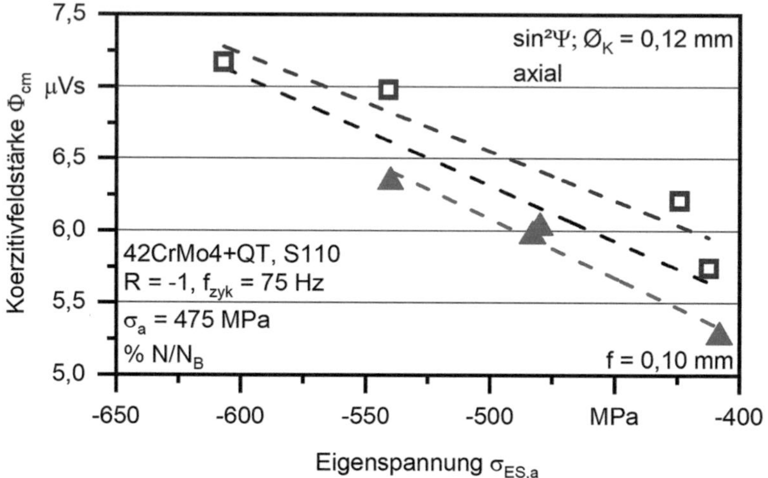

Abbildung 6.77   Korrelation der Koerzitivfeldstärke Φ_{cm} mit den Eigenspannungen $\sigma_{ES,a}$,
$f = 0{,}10$ mm S110

$$\phi_{cm} = 2{,}48 - \sigma_{ES} \cdot 7{,}65 \cdot 10^{-3} \tag{6.6}$$

Es ist also durch 6.6 eine hinreichend gute Berechnung der Eigenspannungen
auf Basis der Koerzitivfeldstärke möglich. Es ist allerdings ersichtlich, dass die
Korrelationen innerhalb einer Versuchsreihe wesentlich genauere Bestimmungen,
als die Betrachtung aller Versuchsreihen, ermöglichen. Dies zeigt, dass es von
außerordentlicher Bedeutung ist, die Randbedingungen der Messung konstant
zu halten, und dass Unsicherheitsfaktoren wie die Eigenheiten des Bedieners
weitestgehend ausgeschlossen werden müssen.

Auch für die maximale Barkhausenrauschen-Amplitude M_{max} ist ein linearer Zusammenhang mit den Eigenspannungen festzustellen. In Abbildung 6.78 ist dieser für die erste Versuchsreihe dargestellt. Es ist allerdings klar zu erkennen, dass die Probe 90 % N_B nicht mitbeschrieben werden kann. Dies ist damit zu begründen, dass, wie in Abbildung 6.37 gezeigt, bei diesem Zustand bereits Risse in der Probe vorliegen. Das Bestimmtheitsmaß dieser Korrelation ist $R^2 = 99{,}26$ %.

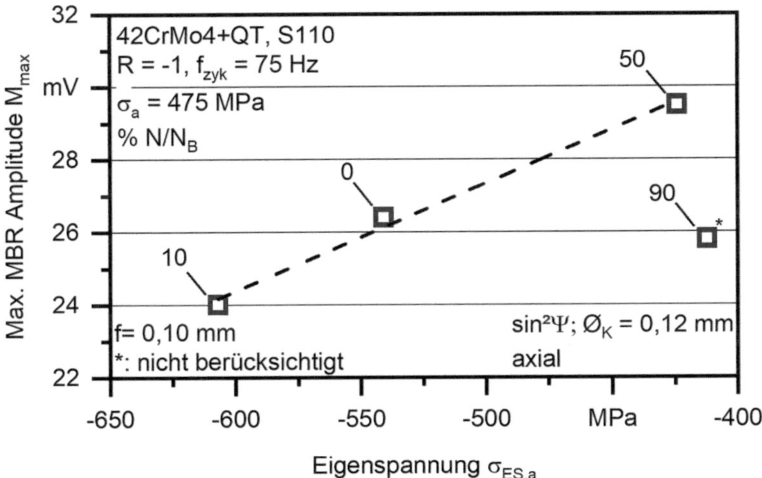

Abbildung 6.78 Korrelation der maximalen Barkhausenrauschen-Amplitude M_{max} mit den Eigenspannungen $\sigma_{ES,a}$ der ersten Versuchsreihe, $f = 0{,}10$ mm S110 [156]

$$M_{max} = 42{,}17 + \sigma_{ES} \cdot 2{,}96 \cdot 10^{-2} \tag{6.7}$$

Die Korrelation der maximalen Barkhausenrauschen-Amplitude mit der Eigenspannung der zweiten Versuchsreihe ist in Abbildung 6.79 gezeigt. Die Regression erfolgt hier über alle gemessenen Punkte, erreicht jedoch nur ein Bestimmtheitsmaß von $R^2 = 66{,}49$ %.

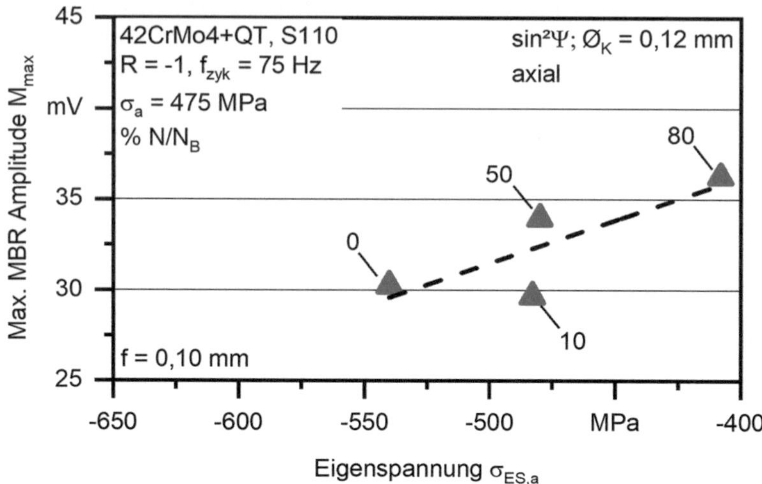

Abbildung 6.79 Korrelation der maximalen Barkhausenrauschen-Amplitude M_{max} mit den Eigenspannungen $\sigma_{ES,a}$ der zweiten Versuchsreihe, f = 0,10 mm S110

$$M_{max} = 55{,}08 + \sigma_{ES} \cdot 4{,}72 \cdot 10^{-2} \tag{6.8}$$

Eine Korrelation der M_{max} Werte beider Versuchsreihen ist in Abbildung 6.80 den Korrelationen der einzelnen Reihen gegenübergestellt. Auch hier wurde der 90 % N_B der ersten Versuchsreihe bei der Bestimmung des formelmäßigen Zusammenhangs nicht berücksichtigt. Die Gleichung 6.9 beschreibt den Zusammenhang mit einem Bestimmtheitsmaß von $R^2 = 62{,}63$ %.

$$M_{max} = 53{,}38 + \sigma_{ES} \cdot 4{,}70 \cdot 10^{-2} \tag{6.9}$$

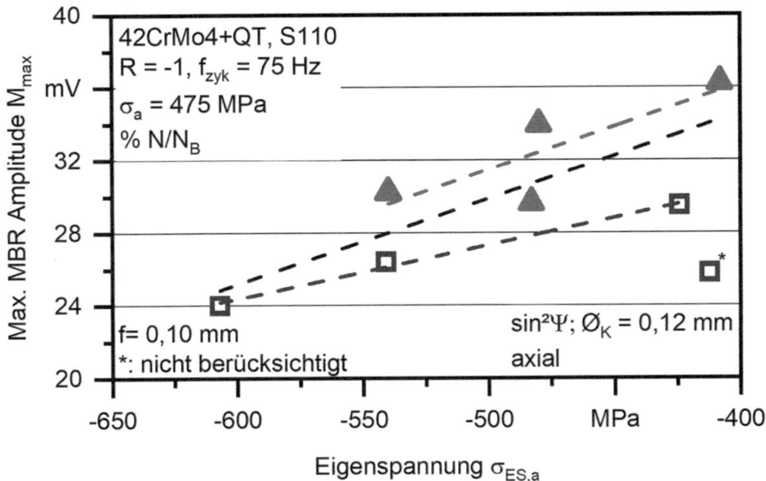

Abbildung 6.80 Korrelation der maximalen Barkhausenrauschen-Amplitude M_{max} mit den Eigenspannungen, f = 0,10 mm S110

Es konnte nachgewiesen werden, dass durch 6.9 eine Berechnung der Eigenspannungen mittels der maximalen Barkhausenrauschen-Amplitude hinreichend genau möglich ist. Es zeigte sich, wie zuvor bei der Korrelation der Eigenspannungen mit der Koerzitivfeldstärke (6.6), dass eine Betrachtung verschiedener Versuchsreihen zu einer zufriedenstellenden Lösung führt, jedoch die Qualität der Berechnungen innerhalb einer Versuchsreihe signifikant besser ist.

Dass eine Bewertung der Eigenspannungen mit Hilfe der Barkhausenrauschen-Kennwerte M_{max} und Φ_{cm} möglich ist, konnte im vorangegangenen Abschnitt nachgewiesen werden. Dabei erreichten die Korrelationen beider Kennwerte eine gute Übereinstimmung mit den röntgendiffraktometrisch ermittelten Eigenspannungen. Es ist allerdings zu erwähnen, dass die jeweils zu einer Versuchsreihe gehörenden Messpunkte eine bessere Korrelation erlaubten. Daher muss der Messvorgang weiter standardisiert werden, um bspw. anwenderbedingte Einflüsse auszuschließen. Allerdings muss dies vor dem Hintergrund der nicht zu vermeidenden, verfahrensbedingten Abweichungen, der röntgenographischen Eigenspannungsmessung und den damit verbundenen Abweichungen der ermittelten Eigenspannungen, relativiert werden [28].

6.4.3   Holistische Betrachtung des Bauteilzustands

Die zuvor dargestellten Ergebnisse zeigen, dass für eine ganzheitliche Bewertung des Bauteilzustands mehrere Teilaspekte betrachtet werden müssen (Abbildung 6.81). So erfolgte die Bewertung der Ermüdungsschädigung mit Hilfe der Koerzitivfeldstärke Φ_{cm} (Abbildung 6.74) über die in 6.4.1 dargestellte Gleichung 6.1. Um die Effekte der Ermüdungsschädigung von den im Ermüdungsversuch relaxierenden Eigenspannungen zu separieren, muss eine Bewertung des Eigenspannungszustands durch die in 6.4.2 dargestellten Zusammenhänge erfolgen. So beschreibt Gleichung 6.6 die Eigenspannung auf Basis der Koerzitivfeldstärke Φ_{cm} (Abbildung 6.77) und Gleichung 6.9 basierend auf der maximalen Höhe der Barkhausenrauschkurve M_{max} (Abbildung 6.80). Weiterhin ist beim Auftreten von WEL an der Bohrungswand eine Variation der Prüfmethodik erforderlich. So wurde in 6.3 gezeigt, dass die Wirbelstromprüfung (Abbildung 6.68) auch zur Prüfung von WEL-behafteten Bauteile geeignet ist.

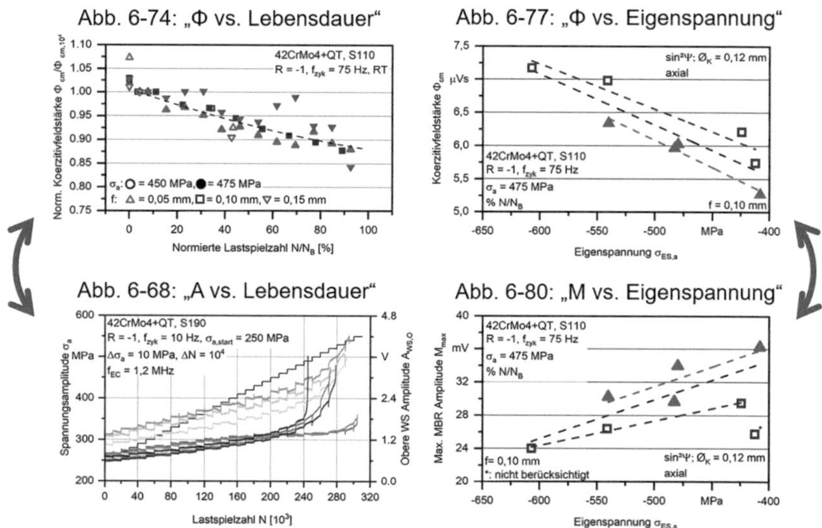

Abbildung 6.81   Zusammenfassende Darstellung der mikromagnetischen Bauteilzustandsbetrachtung

Zusammenfassung und Ausblick

Im Rahmen der vorliegenden Forschungsarbeit konnten mikromagnetische Methoden dazu ertüchtigt werden, die Randzonen von durch Tiefbohren hergestellten Proben hinsichtlich ihrer Oberflächenintegrität und Ermüdungsfestigkeit zu charakterisieren. Dabei wurde das Ziel verfolgt, einen möglichst vorteilhaften Eigenspannungszustand zu erreichen. Als Bohrprozess wurde daher das Einlippen-Tiefbohren gewählt. Aufgrund des asymmetrischen Aufbaus des verwendeten Bohrwerkzeugs kommt es, in Folge des Abstützens der Passivkräfte über die Führungsleisten, zu einer Art Festwalzprozess. Dadurch werden sowohl sehr gute Oberflächen, als auch die erwünschte Druckeigenspannungen erzeugt. Da die meisten Verfahren zur Bestimmung der Oberflächenintegrität entweder zerstörend sind, wie bspw. mikrostrukturelle Untersuchungen oder Härtemessungen, oder auch einen freien Zugang zur Oberfläche benötigen, wie bspw. röntgenographische Eigenspannungsmessungen, sollte hier ein zerstörungsfreies Prüfverfahren ertüchtigt werden die Oberflächenintegrität sowie den Ermüdungszustand der Tiefbohrungen zu bestimmen. Für beide hier betrachteten mikromagnetischen Verfahren, einerseits die Barkhausenrauschen-Analyse und andererseits die Wirbelstromprüfung, wurden speziell angefertigte Sensoren, welche das Messsignal an der Innenseite der Bohrung aufnehmen können, verwendet. Die Messdaten der mikromagnetischen Verfahren wurden mit den etablierten Verfahren zur Bestimmung der Oberflächenintegrität korreliert.

Bewertung des Bohrprozesses
Zunächst wurde in 6.1 ein Vergleich der mit variierten Vorschüben, bei konstanten Schnittgeschwindigkeiten, erzielten Randzonen angestellt. Dazu wurden

163

N. Baak, *Mikromagnetische Charakterisierung des Ermüdungsverhaltens und der Eigenspannungsrelaxation tiefgebohrter Proben des Vergütungsstahls 42CrMo4*, Werkstofftechnische Berichte | Reports of Materials Science and Engineering, https://doi.org/10.1007/978-3-658-41679-9_7

mikrostrukturelle Untersuchungen mittels Licht- und Rasterelektronenmikroskopen durchgeführt (6.1.1). In den lichtmikroskopischen Untersuchungen zeigten sich, neben dem in Schnittrichtung umgeformten Gefüge, bei hohen und niedrigen Vorschüben, White Etching Layer. Diese sind, zumindest bei geringen Vorschüben, thermisch induziert. Im Zerspanprozess sollten diese Schichten vermieden werden, da sie zu Zugeigenspannungen und Versprödung neigen. Die rasterelektronenmikroskopischen Untersuchungen zeigten im Sekundärelektronenbild eine geringere Tiefe des durch den Bohrvorgang beeinflussten Bereichs bei hohem Vorschub. Die EBSD-Aufnahmen zeigten, dass es im Gebiet direkt unterhalb der Bohrung, durch einen sehr hohen Umformgrad verbunden mit einer erhöhten Temperatur, zur Rekristallisation kam, was zu einer sehr geringen Korngröße geführt hat. Die einzelnen Körner waren so fein, dass sie hier nicht mehr aufgelöst werden konnten. In Mikrohärtemappings (6.1.2) war zu erkennen, dass der breiteste beeinflusste Bereich mit der höchsten Härte und damit den besten mechanischen Eigenschaften bei einem mittleren Vorschub erreicht wurde. Die röntgenographischen Eigenspannungsmessungen (6.1.3) zeigten, dass mit allen Vorschüben zuverlässig Druckeigenspannungen in Höhe von -550 MPa bis -600 MPa in die Randzonen eingebracht werden konnten. Während in axialer Richtung der Vorschub keinen signifikanten Einfluss auf die Höhe der Eigenspannungen hat, ist dies in tangentialer Richtung der Fall. Hier wurden die höchsten Eigenspannungen mit einem mittleren Vorschub erreicht. Die Barkhausenrauschen-Messungen in 6.1.4 zeigten, dass bei einer geeigneten Auswahl der Messparameter eine Unterscheidung der drei untersuchten Probenvarianten möglich ist.

Bewertung der Ermüdungsschädigung

Die drei Vorschubvarianten wurden anschließend in 6.2 in Ermüdungsversuchen untersucht. Dabei wurden zunächst in 6.2.1 Laststeigerungsversuche zur Abschätzung der Ermüdungsfestigkeit durchgeführt. Auf der Basis dieser Versuche wurden anschließend Einstufenversuche auf zwei Lasthorizonten durchgeführt. Diese Versuche wurden in 6.2.2 nach definierten Lastspielzahlen unterbrochen und das Barkhausenrauschen an der Innenwand der Bohrung gemessen. Dabei zeigte sich, dass es bei den meisten Probenvarianten zunächst zu einer initialen Veränderung der Koerzitivfeldstärke kommt. Im weiteren Verlauf der Ermüdungsuntersuchung fiel dieser Wert kontinuierlich ab. Dies ließ darauf schließen, dass die Koerzitivfeldstärke gut genutzt werden kann, um die Entwicklung der Ermüdungsschädigung der tiefgebohrten Proben zu bewerten.

Für einen ausgewählten Vorschub wurden Versuche auf einem Lastniveau durchgeführt und nach definierten Ermüdungsschädigungen abgebrochen (6.2.3).

Diese Proben wurden mikromagnetisch vermessen und anschließend hinsichtlich ihrer Oberflächenintegrität untersucht. Die lichtmikroskopischen Untersuchungen und die EBSD-Auswertungen zeigten, dass es während des Ermüdungsvorgangs zu keinen wesentlichen Veränderungen der Mikrostruktur gekommen ist. Die Eigenspannungen an der Oberfläche relaxieren sowohl in axialer, als auch in tangentialer Richtung bei steigendem Ermüdungsfortschritt. Dabei kommt es in axialer Richtung direkt nach Beginn der Ermüdungsbelastung zu einem Abfall. Die tangentialen Eigenspannungen halten zunächst das anfängliche Niveau und relaxieren erst im weiteren Verlauf des Versuchs. In den Eigenspannungstiefenverläufen ist sowohl in axialer als auch in tangentialer Richtung eine Umverteilung der Spannungen in der letzten gemessenen Ermüdungsstufe zu erkennen. So steigen die Druckeigenspannungen unter der Oberfläche im Ermüdungsversuch an. Was auf eine Störung des Gleichgewichtszustands durch sich bildende Risse in der Oberfläche zurückgeführt werden kann. Die mikromagnetischen Messungen zeigten auch hier einen Abfall der Koerzitivfeldstärke mit fortschreitender Ermüdungsschädigung. An dieser Stelle erfolgte eine Variation der Parameter der Barkhausenrauschen-Messung, um darüber eine Tiefeninformation der Randschicht zu erhalten. Hier war zu erkennen, dass eine Veränderung der Anregungsfrequenz des Magnetfelds keinen Einfluss auf die Messungen hat, solange eine Frequenz gewählt wurde, die eine vollständige Magnetisierung der Probe sicherstellte. Die Variation der Bandpassfilter-Frequenz hat auf die Koerzitivfeldstärke ebenfalls keinen Einfluss, allerdings sorgt die Verwendung eines breiteren Frequenzbandes für eine Verbesserung der Signalqualität. Mit Hilfe einer Variation der Bandpassfilter-Frequenz, konnte eine Tiefeninformation mit der maximalen Barkhausenrauschen-Amplitude generiert werden.

Im Weiteren wurden in 6.3 Bohrungen in untersucht, die unter variierten Kühlschmierstoffen gebohrt wurden. Neben dem bislang untersuchten Tiefbohröl kamen eine Emulsion und ein Minimalmengenschmierungsansatz zum Einsatz. Die lichtmikroskopischen Mikrostrukturuntersuchungen an den Ausgangszuständen (6.3.1) zeigten, dass alle unter den neubetrachteten Kühlschmierstoffen gebohrten Proben White Etching Layer aufwiesen, wobei diese der unter MMS gebohrten Proben wesentlich stärker ausgeprägt sind. In EBSD Untersuchungen der unter MMS gebohrten Probe war zu erkennen, dass es durch die höheren Prozesskräfte in Verbindung mit erhöhten Prozesstemperaturen zu wesentlich ausgeprägterer Rekristallisation gekommen ist. Diese durch „Severe Plastic Deformation" erzeugte Kornfeinung ist um ein Vielfaches tiefgreifender als an den Randschichten der unter Tiefbohröl gebohrten Proben. Röntgendiffraktometrische Eigenspannungsmessungen zeigten, dass alle Prozesse die gewünschten

Druckeigenspannungen erzielen. Dabei werden die höchsten Oberflächeneigenspannungen durch den Prozess unter MMS erzeugt. Diese bauen sich in Tiefenrichtung aber vergleichsweise schnell ab. Der Prozess unter Emulsion führt zu tiefgreifenderen Eigenspannungen, allerdings sind diese ungleichmäßig verteilt. In axialer Richtung sind diese wesentlich höher als in tangentialer Richtung. Die unter Tiefbohröl gebohrten Proben wiesen zwar die geringsten Spannungen auf, diese sind allerdings in axialer und tangentialer Richtung vergleichbar und auch in vergleichsweisen großen Oberflächenabständen nachweisbar. Die Charakterisierung des Ermüdungsverhaltens (6.3.2) in Laststeigerungsversuchen offenbarte, dass die Sensitivität der Koerzitivfeldstärke für die Ermüdungsschädigung stark von der gewählten Kühlschmier-Strategie abhängig ist. So konnte die für die unter Öl gebohrten Versuche eine Abhängigkeit der Koerzitivfeldstärke vom Ermüdungsfortschritt bestätigt werden. Im Fall der unter MMS gebohrten Proben zeigte diese jedoch keine Reaktion. Neben der intermittierenden Charakterisierung mittels Barkhausenrauschen-Messungen wurden die Versuche kontinuierlich mittels Wirbelstrommessungen überwacht. Durch diese Verfahren war es möglich, den Ermüdungszustand bei allen Proben zu bewerten. Allerdings zeigte sich, dass die Wirbelstromkenngröße entsprechend des Randschichtzustands gewählt werden muss. So ist die Wirbelstromamplitude vor allem sensitiv an solchen Proben, die mit niedrigeren Schnittwerten gebohrt wurden und die Wirbelstromphase an Proben die mit höheren Schnittwerten hergestellt wurden.

Anschließend wurden intermittierende Einstufenversuche an den unter variierten Kühlschmierstoffen gebohrten Proben durchgeführt. Die hier erfolgten Barkhausenrauschen-Messungen zeigten, dass die zuvor festgestellte initiale Veränderung der Koerzitivfeldstärke nicht schlagartig während des ersten Lastspiels erfolgt, sondern dass der Abfall über die ersten 1000 Lastspiele verläuft. Außerdem wurde ersichtlich, dass dieser initiale Abfall fast ausschließlich bei unter Öl gebohrten Proben auftritt. Die unter Emulsion und teilweise die unter MMS gebohrten Proben wiesen ein gegensätzliches Verhalten auf, so stieg hier die Koerzitivfeldstärke binnen der ersten 1000 Lastspiele an. Es konnte aber festgestellt werden, dass die Barkhausenrauschen-Amplitude am Remanenzpunkt in allen betrachteten Versuchen ein sehr vergleichbares Verhalten zeigt. So steigt dieser Wert an allen Proben binnen der ersten 1000 Lastspiele an und beschreibt den initialen Abbau der Druckeingenspannungen unabhängig von der Beschaffenheit der Randzone. Aufgrund des darauffolgenden konstanten Anstiegs während der Ermüdungsbelastung empfiehlt sich dieser Parameter zur Beschreibung der Ermüdungsschädigung.

Berechnung von Ermüdungs- und Eigenspannungszustand
Das Ziel ein Verfahren zur Bewertung der Ermüdungsschädigung, unabhängig
von den Fertigungsparametern und der Höhe der Ermüdungsbelastung zu etablieren, konnte mit der Koerzitivfeldstärke in 6.4.1 realisiert werden. Wichtig ist,
dass der initiale Abfall der Eigenspannungen berücksichtigt werden muss. Dies
kann erfolgen, indem z. B. eine Normierung der Koerzitivfeldstärke auf einen
Wert nach diesem Abfall erfolgt.

Zudem konnte ein Verfahren zur zerstörungsfreien Bestimmung der
Eigenspannungszustände mit der Koerzitivfeldstärke und der maximalen
Barkhausenrauschen-Amplitude erfolgreich eingeführt werden (6.4.2). Dabei
wurde augenscheinlich, dass die Qualität der Spannungsvorhersage signifikant
von der Wiederholbarkeit der Messergebnisse abhängt. Es wurde gezeigt, dass
eine hinreichend gute Bewertung unter Berücksichtigung aller Messungen erfolgen kann, die Genauigkeit innerhalb einer Messreihe, ohne einen Einfluss äußerer
Bedingungen, wesentlich höher liegt.

Ausblick
In zukünftigen Untersuchungen sollte die Durchführung der Messungen möglichst unabhängig vom Nutzer erfolgen. Dazu können einerseits Vorrichtungen
entwickelt werden, die die Positionierung des Sensors auf der Oberfläche, wie
auch den Anpressdruck konstant halten, oder andererseits eine Automatisierung
des Messvorgangs mit Hilfe von kooperativen Robotern erfolgen. Dadurch kann
sichergestellt werden, dass der Bediener keinen Einfluss auf die Messungen hat
und somit die Wiederholbarkeit dieser erhöht werden. Weiterhin sollte für den
industriellen Einsatz auf den Einfluss von Störgrößen weiter eingegangen werden. So sind in der Fertigung oder in der Werkstatt nicht immer gleichmäßige
Messbedingungen wie bspw. die Umgebungstemperatur zu gewährleisten.

Des Weiteren kann eine Betrachtung weiterer Charakteristika der Randzonen
erfolgen, so könnte bspw. eine Bewertung der Versetzungsdichte mittels STEM
oder TEM Untersuchungen zu einem tiefgreifenderen Verständnis der mikromagnetischen Kennwerte beitragen. Diese gleichzeitige Betrachtung verschiedener
Einflussgrößen auf die Mikromagnetik könnten mit Hilfe neuronaler Netz-
werke realisiert werden und so die Zuverlässigkeit der Voraussagen signifikant
verbessern.

Publikationen und Präsentationen

Im Themenbereich der Dissertation wurden vom Autor folgende Publikationen vorveröffentlicht:

- Baak, N.; Nickel, J.; Biermann, D.; Walther, F.: Microstructure analysis of single-lip deep hole drilled bores by electron backscatter diffraction and magnetic Barkhausen noise. Procedia CIRP, 108 (2022) 740–745 https://doi.org/10.1016/j.procir.2022.03.114.
- Baak, N.; Hajavifard, R.; Lücker, L.; Rozo Vasquez, J.; Strodick, S.; Teschke, M.; Walther, F.: Micromagnetic approaches for microstructure analysis and capability assessment. Materials Characterization 178 (2021) 111189. https://doi.org/10.1016/j.matchar.2021.111189
- Baak, N.; Nickel, J.; Deiters, A.; Biermann, D.; Walther, F.: Barkhausen noise-based assessment of single-lip deep drilling focused on fatigue life improvement of AISI 4140 component-near specimens. In: Akid, R. (Hrsg.) – Fatigue 2021- Proceedings of the 8th Engineering Integrity Society International Conference on Durability & Fatigue: online & on-demand, 29–31 March 2021, 195–204, Engineering Integrity Society, Farnsfield, Nottinghamshire, 2021.
- Baak, N.; Nickel, J.; Starke, P.; Biermann, D.; Walther, F.: Qualification of an inner surface Barkhausen noise sensor for residual stress measurements of single-lip deep drilled AISI 4140 by means of X-ray diffraction. Proceedings of the 13th International Conference on Barkhausen Noise and Micromagnetic Testing (2019) 1–8.

N. Baak, *Mikromagnetische Charakterisierung des Ermüdungsverhaltens und der Eigenspannungsrelaxation tiefgebohrter Proben des Vergütungsstahls 42CrMo4*, Werkstofftechnische Berichte | Reports of Materials Science and Engineering, https://doi.org/10.1007/978-3-658-41679-9

- Baak, N.; Nickel, J.; Biermann, D.; Walther, F.: Barkhausen noise-based fatigue life prediction of deep drilled AISI 4140. Procedia Structural Integrity 18 (2019) 274–279. https://doi.org/10.1016/j.prostr.2019.08.164
- Baak, N.; Nickel, J.; Biermann, D.; Walther, F.: Micromagnetic-based fatigue life prediction of single-lip deep drilled AISI 4140. In: Correia, J. A., Jesus, A. M. de, Fernandes, A. A., Calçada, R. (Hrsg.) – Mechanical Fatigue of Metals, 19–25, Springer International Publishing, Cham, 2019 https://doi.org/10.1007/978-3-030-13980-3_3.
- Baak, N.; Schaldach, F.; Nickel, J.; Biermann, D.; Walther, F.: Barkhausen noise assessment of the surface conditions due to deep hole drilling and their influence on the fatigue behaviour of AISI 4140. Metals 8, 9 (2018) 720. https://doi.org/10.3390/met8090720

Im Themenbereich der Dissertation wurden vom Autor folgende Vorträge präsentiert:

- Baak, N. (V.); Nickel, J.; Biermann, D.; Walther, F.: Microstructure analysis of single-lip deep hole drilled bore by electron backscatter diffraction and magnetic Barkhausen noise. CIRP CSI 2022, 6th CIRP Conference on Surface Integrity, Lyon, 08.-10. June (2022).
- Baak, N. (V.); Nickel, J.; Biermann, D.; Walther, F.: Characterization of single-lip deep drilled samples by means of in-situ eddy-current measurements. ICEAF 6, 6th International Conference of Engineering Against Failure, Web Conference, 23.–25. June (2021).
- Baak, N. (V.); Nickel, J.; Deiters, A.; Biermann, D., Walther, F.: Barkhausen noise-based assessment of single lip-deep drilling focused on fatigue life improvement of AISI 4140 component-near specimens. Fatigue 2021, 8th Engineering Integrity Society International Conference on Durability & Fatigue, Web Conference, 29.–31. Mar. (2021).
- Baak, N. (V.); Nickel, J.; Starke, P.; Biermann, D.; Walther, F.: Qualification of an inner surface Barkhausen noise sensor for residual stress measurements of single-lip deep drilled AISI 4140 by means of X-ray diffraction. ICBM13, 13th International Conference on Barkhausen Noise and Micromagnetic Testing, Prague, Czech Republic, 23.–26. Sept. (2019).
- Baak, N. (V.); Nickel, J.; Biermann, D.; Walther, F.: Barkhausen noise-based fatigue life prediction of deep drilled AISI 4140. IGF XXV – 25th International Conference – Fracture and Structural Integrity, Catania, Italy, 12.–14. June (2019).

- Baak, N. (V.); Nickel, J.; Biermann, D.; Walther, F.: Micromagnetic-based fatigue life prediction of single-lip deep drilled AISI 4140. ICMFM19, XIX International Colloquium on Mechanical Fatigue of Metals, Porto, Portugal, 05.–07. Sept. (2018).
- Baak, N. (V.); Nickel, J.; Biermann, D.; Walther, F.: Einfluss der Vorschubgeschwindigkeit auf das Ermüdungsverhalten tiefgebohrter Proben aus dem Vergütungsstahl 42CrMo4+QT. DGM/DVM-AG Materialermüdung, KME Germany GmbH & Co.KG, Osnabrück, 12.–13. Apr. (2018).
- Baak, N. (V.); Tenkamp, J.; Walther, F.; Garlich, M.; Bambach, M.; Weibring, M.; Tenberge, P.: Magnetische-Barkhausen-Rauschen-Analyse zur zerstörungsfreien Produktions- und Betriebsüberwachung lokaler physikalischer Eigenschaften. Werkstoffprüfung 2017, Berlin, 30. Nov.-01. Dez. (2017).

Studentische Arbeiten

Im Themenbereich der Dissertation wurden vom Autor folgende studentische Arbeiten betreut:

- Schaldach, F.: Untersuchungen zum Einfluss der Vorschubgeschwindigkeit auf die Schwingfestigkeit des Vergütungsstahls 42CrMo4+QT. Fachwissenschaftliche Projektarbeit, Technische Universität Dortmund (2019).
- Deiters, A.: Charakterisierung des Kerbeinflusses auf die Ermüdungsfestigkeit tiefgebohrter Bauteile aus dem Vergütungsstahl 42CrMo4+QT. Masterarbeit, Technische Universität Dortmund (2019).
- Theling, C.: Erstellung eines Prädiktionsmodells zur Auslegung schwingungsbelasteter tiefgebohrter Bauteile. Bachelorarbeit, Technische Universität Dortmund (2020).
- Pavel, M. von: Charakterisierung des Dehnrateneinflusses auf die Festigkeit tiefgebohrter Bauteile aus dem Vergütungsstahl 42CrMo4+QT. Fachwissenschaftliche Projektarbeit, Technische Universität Dortmund (2021).
- Karentzopoulos, P.; Okulla, N.: Untersuchungen zum Einfluss der Kühlschmierstrategie auf die Schwingfestigkeit einlippentiefgebohrter Bauteile des Vergütungsstahls 42CrMo4+QT. Fachwissenschaftliche Projektarbeit, Technische Universität Dortmund (2022).
- Coria, N.: Charakterisierung und Modellierung der Eigenspannungen mittels Einlippenbohren hergestellter Bauteile aus dem Vergütungsstahl 42CrMo4+QT. Masterarbeit, Technische Universität Dortmund (2022).

- Chiappetta, S.: Wirbelstrombasierte Charakterisierung der fertigungsbedingten Randzonenbeeinflussung und der Ermüdungsfestigkeit einlippentiefgebohrter Bauteile des Vergütungsstahls 42CrMo4+QT. Masterarbeit, Technische Universität Dortmund (2022).

Den Studierenden danke ich für die geleisteten Beiträge.

Curriculum Vitae

Persönliche Angaben

Name: Nikolas Baak

Geburtsdatum/-ort: 15.12.1988 in Gütersloh

Familienstand: verheiratet

Akademische Ausbildung

2009–2013   B.Sc. Maschinenbau, Ruhr Universität Bochum

2013–2015   M.Sc. Maschinenbau, Ruhr Universität Bochum

2016–2022   Dr.-Ing. Maschinenbau, Technische Universität Dortmund

© Der/die Herausgeber bzw. der/die Autor(en), exklusiv lizenziert an Springer Fachmedien Wiesbaden GmbH, ein Teil von Springer Nature 2023
N. Baak, *Mikromagnetische Charakterisierung des Ermüdungsverhaltens und der Eigenspannungsrelaxation tiefgebohrter Proben des Vergütungsstahls 42CrMo4*, Werkstofftechnische Berichte | Reports of Materials Science and Engineering, https://doi.org/10.1007/978-3-658-41679-9

Beruflicher Werdegang

2013–2016   Studentische Hilfskraft, Lehrgebiet Werkstoffprüfung,Ruhr-Universität Bochum

2016–heute   Wissenschaftlicher Mitarbeiter, Lehrstuhl für Werkstoffprüftechnik,Technische Universität Dortmund

2020–heute   Leiter der Gruppe Stähle, Lehrstuhl für Werkstoffprüftechnik,Technische Universität Dortmund

Literaturverzeichnis

1. Macherauch, E.; Zoch, H.-W.: Praktikum in Werkstoffkunde. Springer Fachmedien, Wiesbaden, 2014, ISBN 978-3-658-05037-5 https://doi.org/10.1007/978-3-658-050 38-2.
2. Bargel, H.-J.; Schulze, G.: Werkstoffkunde. Springer, Berlin, Heidelberg, 2018, ISBN 978-3-662-48628-3 https://doi.org/10.1007/978-3-662-48629-0.
3. Berns, H.; Theisen, W.: Eisenwerkstoffe – Stahl und Gusseisen. Springer, Berlin, Heidelberg, 2008, ISBN 978-3-540-79955-9 https://doi.org/10.1007/978-3-540-79957-3.
4. Temmel, C.; Ingesten, N.-G.; Karlsson, B.: Fatigue anisotropy in cross-rolled, hardened medium carbon steel resulting from MnS inclusions. Metallurgical and Materials Transactions A 37, 10 (2006) 2995–3007 https://doi.org/10.1007/s11661-006-0181-0.
5. Kiessling, R.: Nonmetallic inclusions and their effects on the properties of ferrous alloys. In: (Hrsg.) – Encyclopedia of Materials: Science and Technology, 6278–6283, Elsevier, 2001 https://doi.org/10.1016/B0-08-043152-6/01114-1.
6. DIN 8580 – Fertigungsverfahren – Begriffe, Einteilung. Beuth Verlag, Berlin.
7. DIN 8589–0 – Fertigungsverfahren Spanen Teil 0: Allgemeines – Einordnung, Unterteilung, Begriffe. Beuth Verlag, Berlin.
8. DIN 8589–2 – Fertigungsverfahren Spanen Teil 2: Bohren, Senken, Reiben Einordnung, Unterteilung, Begriffe. Beuth Verlag, Berlin.
9. Klocke, F.: Fertigungsverfahren 1. Springer Vieweg, Berlin, 2017, ISBN 978-3-662-54206-4.
10. Biermann, D.; Bleicher, F.; Heisel, U.; Klocke, F.; Möhring, H.-C.; Shih, A.: Deep hole drilling. CIRP Annals 67, 2 (2018) 673–694 https://doi.org/10.1016/j.cirp.2018.05.007.
11. VDI 3210 Blatt 1 – Tiefbohrverfahren. Beuth Verlag, Berlin, 2006.
12. VDI 3208- Tiefbohrverfahren mit Einlippenbohrern. Beuth Verlag, Berlin, 2014.
13. Kirschner, M.: Tiefbohren von hochfesten und schwer zerspanbaren Werkstoffen mit kleinsten Durchmessern, Dissertation, Technische Universität Dortmund, 2016.

14. Pfleghar, F.: Verbesserung der Bohrungsqualität beim Arbeiten, Dissertation, Institut für Werkzeugmaschinen, Universität Stuttgart, 1976.

15. Felderhoff, J.: Prozessgestaltung für das Drehen und Tiefbohren schwefelarmer Edelbaustähle, Dissertation, Technische Universität Dortmund, 2011.

16. Nickel, J.; Baak, N.; Walther, F.; Biermann, D.: Influence of the feed rate in the single-lip deep hole drilling process on the surface integrity of steel components. In: Itoh, S., Shukla, S. (Hrsg.) – Advanced surface enhancement- Proceedings of the 1st international conference on Advanced Surface Enhancement (INCASE 2019) – Research Towards Industrialisation, 198–212, Springer, Singapore, 2020 https://doi.org/10.1007/978-981-15-0054-1_21.

17. Griffiths, B.: Mechanisms of white layer generation with reference to machining and deformation processes. Journal of Tribology 109, 3 (1987) 525–530 https://doi.org/10.1115/1.3261495.

18. Hosseini, S.; Klement, U.; Kaminski, J.: Microstructure characterization of white layer formed by hard turning and wire electric discharge machining in high carbon steel (AISI 52100). Advanced Materials Research 409 (2011) 684–689 https://doi.org/10.4028/www.scientific.net/AMR.409.684.

19. Brown, M.; Wright, D.; M'Saoubi, R.; McGourlay, J.; Wallis, M.; Mantle, A.; Crawforth, P.; Ghadbeigi, H.: Destructive and non-destructive testing methods for characterization and detection of machining-induced white layer: A review paper. CIRP Journal of Manufacturing Science and Technology 23 (2018) 39–53 https://doi.org/10.1016/j.cirpj.2018.10.001.

20. Poulachon, G.; Albert, A.; Schluraff, M.; Jawahir, I.: An experimental investigation of work material microstructure effects on white layer formation in PCBN hard turning. International Journal of Machine Tools and Manufacture 45, 2 (2005) 211–218 https://doi.org/10.1016/j.ijmachtools.2004.07.009.

21. Warren, A.; Guo, Y.; Weaver, M.: The influence of machining induced residual stress and phase transformation on the measurement of subsurface mechanical behavior using nanoindentation. Surface and Coatings Technology 200, 11 (2006) 3459–3467 https://doi.org/10.1016/j.surfcoat.2004.12.028.

22. Hosseini, S.; Ryttberg, K.; Kaminski, J.; Klement, U.: Characterization of the surface integrity induced by hard turning of bainitic and martensitic AISI 52100 steel. Procedia CIRP 1 (2012) 494–499 https://doi.org/10.1016/j.procir.2012.04.088.

23. Ramesh, A.; Melkote, S.; Allard, L.; Riester, L.; Watkins, T.: Analysis of white layers formed in hard turning of AISI 52100 steel. Materials Science and Engineering: A 390, 1–2 (2005) 88–97 https://doi.org/10.1016/j.msea.2004.08.052.

24. Azushima, A.; Kopp, R.; Korhonen, A.; Yang, D.; Micari, F.; Lahoti, G.; Groche, P.; Yanagimoto, J.; Tsuji, N.; Rosochowski, A.; Yanagida, A.: Severe plastic deformation (SPD) processes for metals. CIRP Annals 57, 2 (2008) 716–735 https://doi.org/10.1016/j.cirp.2008.09.005.

25. Brown, M.; Pieris, D.; Wright, D.; Crawforth, P.; M'Saoubi, R.; McGourlay, J.; Mantle, A.; Patel, R.; Smith, R.; Ghadbeigi, H.: Non-destructive detection of machining-induced white layers through grain size and crystallographic texture-sensitive methods. Materials & Design 200 (2021) 109472 https://doi.org/10.1016/j.matdes.2021.109472.

26. Eigenmann, B.; Macherauch, E.: Röntgenographische Untersuchung von Spannungszuständen in Werkstoffen Teil I. Materialwissenschaft und Werkstofftechnik 26, 3 (1995) 148–160 https://doi.org/10.1002/mawe.19950260310.

27. Hauk, V.; Nikolin, H.-J.: The evaluation of the distribution of residual stresses of the I. kind (RS I) and of the II. kind (RS II) in textured materials. Textures and Microstructures 8 (1988) 693–716 https://doi.org/10.1155/TSM.8-9.693.

28. Spieß, L.; Teichert, G.; Schwarzer, R.; Behnken, H.; Genzel, C.: Moderne Röntgenbeugung. Springer Fachmedien Wiesbaden, Wiesbaden, 2019, ISBN 978-3-8348-1219-3 https://doi.org/10.1007/978-3-8348-8232-5.

29. Galzy, F.; Michaud, H.; Sprauel, J.: Approach of residual stress generated by deep rolling application to the reinforcement of the fatigue resistance of crankshafts. Materials Science Forum 490–491 (2005) 384–389 https://doi.org/10.4028/www.scientific.net/MSF.490-491.384.

30. Michaud, H.; Sprauel, J.; Galzy, F.: The residual stresses generated by deep rolling and their stability in fatigue & application to deep-rolled crankshafts. Materials Science Forum 524–525 (2006) 45–50 https://doi.org/10.4028/www.scientific.net/MSF.524-525.45.

31. Hennig, W.; Feldmann, G.; Haubold, T.: Shot peening method for aerofoil treatment of blisk assemblies. Procedia CIRP 13 (2014) 355–358 https://doi.org/10.1016/j.procir.2014.04.060.

32. Vormwald, M.; Schlitzer, T.; Panic, D.; Beier, H.: Fatigue strength of autofrettaged Diesel injection system components under elevated temperature. International Journal of Fatigue 113 (2018) 428–437 https://doi.org/10.1016/j.ijfatigue.2018.01.031.

33. Klocke, F.: Fertigungsverfahren 4. Springer, Berlin, Heidelberg, 2017, ISBN 978-3-662-54713-7 https://doi.org/10.1007/978-3-662-54714-4.

34. Perenda, J.; Trajkovski, J.; Žerovnik, A.; Prebil, I.: Residual stresses after deep rolling of a torsion bar made from high strength steel. Journal of Materials Processing Technology 218 (2015) 89–98 https://doi.org/10.1016/j.jmatprotec.2014.11.042.

35. Regazzi, D.; Beretta, S.; Carboni, M.: An investigation about the influence of deep rolling on fatigue crack growth in railway axles made of a medium strength steel. Engineering Fracture Mechanics 131 (2014) 587–601 https://doi.org/10.1016/j.engfracmech.2014.09.016.

36. Wong, C.; Hartawan, A.; Teo, W.: Deep cold rolling of features on aero-engine components. Procedia CIRP 13 (2014) 350–354 https://doi.org/10.1016/j.procir.2014.04.059.

37. Denkena, B.; Tönshoff, H.: Spanen. Springer, Berlin, Heidelberg, 2011, ISBN 978-3-642-19771-0 https://doi.org/10.1007/978-3-642-19772-7.

38. Oevermann, T.; Saalfeld, S.; Niendorf, T.; Scholtes, B.: Prozessintegration von induktiver Wärmebehandlung und Festwalzen – sichere und zuverlässige Komponenten mit hoher Schwingfestigkeit. HTM Journal of Heat Treatment and Materials 72, 1 (2017) 10–18 https://doi.org/10.3139/105.110311.

39. Oevermann, T.; Saalfeld, S.; Niendorf, T.; Scholtes, B.: Materials and process engineering aspects of warm deep rolling. International Journal of Microstructure and Materials Properties 12, 3/4 (2017) 230 https://doi.org/10.1504/IJMMP.2017.091102.

40. Oevermann, T.; Saalfeld, S.; Niendorf, T.; Scholtes, B.: Save and reliable components by process integration of inductive heat treatment and deep rolling. Proceedings of 11th

International Conference on Industrial Tools and Advanced Processing Technologies (2017).

41. Cherif, A.; Hochbein, H.; Zinn, W.; Scholtes, B.: Increase of fatigue strength and lifetime by deep rolling at elevated temperature of notched specimens made of steel SAE 4140. HTM Journal of Heat Treatment and Materials 66, 6 (2011) 342–348 https://doi.org/10.3139/105.110120.

42. Kendall, D.: A short history of high pressure technology from bridgman to division 3. Journal of Pressure Vessel Technology 122, 3 (2000) 229–233 https://doi.org/10.1115/1.556178.

43. Fällgren, C.; Beier, T.; Vormwald, M.; Kleemann, A.: Autofrettage of high-pressure components made of ultra-high-strength-steel. Procedia Structural Integrity 37 (2022) 948–955 https://doi.org/10.1016/j.prostr.2022.02.030.

44. Dixit, U.; Kamal, S.; Shufen, R.: Autofrettage processes. CRC Press, Boca Raton, 2019, ISBN 9781138388543.

45. Hameed, A.; Brown, R.; Hetherington, J.: Numerical analysis of the effect of machining on the depth of yield, maximum firing pressure and residual stress profile in an autofrettaged gun tube. Journal of Pressure Vessel Technology 125, 3 (2003) 342–346 https://doi.org/10.1115/1.1593081.

46. Herz, E.; Thumser, R.; Bergmann, J.; Vormwald, M.: Endurance limit of autofrettaged Diesel-engine injection tubes with defects. Engineering Fracture Mechanics 73, 1 (2006) 3–21 https://doi.org/10.1016/j.engfracmech.2005.06.006.

47. Kiran, P.; Sajjan, S.: Finalization of minimum autofrettage pressure for steel made hydraulic cylinder used in industrial power pack applications. Materials Today: Proceedings 47 (2021) 2495–2497 https://doi.org/10.1016/j.matpr.2021.04.558.

48. Rech, J.; Hamdi, H.; Valette, S.: Workpiece surface integrity. In: (Hrsg.) – Machining, 59–96, Springer London, London, 2008 https://doi.org/10.1007/978-1-84800-213-5_3.

49. Girinon, M.; Valiorgue, F.; Rech, J.; Feulvarch, E.: Development of a procedure to characterize residual stresses induced by drilling. Procedia CIRP 45 (2016) 79–82 https://doi.org/10.1016/j.procir.2016.02.074.

50. Girinon, M.; Dumont, F.; Valiorgue, F.; Rech, J.; Feulvarch, E.; Lefebvre, F.; Karaouni, H.; Jourden, E.: Influence of lubrication modes on residual stresses generation in drilling of 316L, 15-5PH and Inconel 718 alloys. Procedia CIRP 71 (2018) 41–46 https://doi.org/10.1016/j.procir.2018.05.020.

51. Huang, X.; Schmidt, R.; Strodick, S.; Walther, F.; Biermann, D.; Zabel, A.: Simulation and modeling of the residual stress state in the sub-surface zone of BTA deep-hole drilled specimens with eigenstrain theory. Procedia CIRP 102 (2021) 150–155 https://doi.org/10.1016/j.procir.2021.09.026.

52. Wegert, R.; Guski, V.; Schmauder, S.; Möhring, H.-C.: Effects on surface and peripheral zone during single lip deep hole drilling. Procedia CIRP 87 (2020) 113–118 https://doi.org/10.1016/j.procir.2020.02.025.

53. Strodick, S.; Walther, F.; Schmidt, R.; Zabel, A.; Biermann, D.: Analyse des Eigenspannungszustands in der Bohrungsrandzone tiefgebohrter Probekörper aus 42CrMo4+QT und X5CrNi18-10. In: Christ, H.-J. (Hrsg.) – Werkstoffprüfung 2019 – Fortschritte in der Werkstoffprüfung für Forschung und Praxis, 287–292, Stahlinstitut VDEh, Düsseldorf, 2019.

54. Greuling, S.; Seeger, T.; Vormwald, M.: Autofrettage innendruckbelasteter Bauteile. Materialwissenschaft und Werkstofftechnik 37, 3 (2006) 233–239 https://doi.org/10.1002/mawe.200500994.

55. Farajian-Sohi, M.; Nitschke-Pagel, T.; Dilger, K.: Residual stress relaxation of quasi-statically and cyclically-loaded steel welds. Welding in the World 54, 1–2 (2010) R49–R60 https://doi.org/10.1007/BF03263484.

56. Holzapfel, H.; Schulze, V.; Vöhringer, O.; Macherauch, E.: Residual stress relaxation in an AISI 4140 steel due to quasistatic and cyclic loading at higher temperatures. Materials Science and Engineering: A 248, 1 (1998) 9–18 https://doi.org/10.1016/S0921-5093(98)00522-X.

57. Lyubenova, N.; Pineault, J.; Brünnet, H.; Bähre D.: X-ray diffraction measurements and investigation of the stress relaxation in autofrettaged AISI 4140 steel thick walled cylinders 335–340 https://doi.org/10.21741/9781945291173-57.

58. Radaj, D.: Ermüdungsfestigkeit. Springer, Berlin, Heidelberg, 2007, ISBN 978-3-540-71458-3 https://doi.org/10.1007/978-3-540-71459-0.

59. Christ, H.-J. (Hrsg.): Ermüdungsverhalten metallischer Werkstoffe. Werkstoff-Informationsgesellschaft, Frankfurt am Main, 1998, ISBN 3-88355-262-3.

60. Götz, S.; Eulitz, K.-G.: Betriebsfestigkeit. Springer Fachmedien, Wiesbaden, 2020, ISBN 978-3-658-31168-1 https://doi.org/10.1007/978-3-658-31169-8.

61. Wöhler, A.: Bericht über die Versuche, welche auf der Köngl. Niederschlesisch-Märkischen Eisenbahn mit Apparaten zum Messen der Biegung und Verdrehung von Eisenbahnwagen-Achsen während der Fahrt angestellt wurden. Zeitschrift für Bauwesen 8 (1858).

62. Wöhler, A.: Über die Festigkeitsversuche mit Eisen und Stahl. Verlag von Ernst & Korn, 1870.

63. Macherauch, E.; Wohlfahrt, H.: Eigenspannung und Ermüdung. In: Munz, D. (Hrsg.) – Ermüdungsverhalten metallischer Werkstoffe, DGM-Informationsgesellschaft, Oberursel, 1985.

64. Macherauch, E.; Kloos, K.: Bewertung von Eigenspannungen. In: Hauk, V., Macherauch, E. (Hrsg.) – Härterei Technische Mitteilungen- Beiheft, 1982.

65. Brown, W.: Magnetostatic principles in ferromagnetism. Interscience Publishers, New York, 1962.

66. Brown, W.: Micromagnetics. Interscience Publishers, New York, 1963.

67. B. D. Cullity, C. D. Graham; Cullity, B.; Graham, C.: Introduction to magnetic materials. IEEE Press; Wiley, Piscataway, Hoboken, 2009, ISBN 978-0-471-47741-9.

68. Coey, J.; Parkin, S.: Handbook of magnetism and magnetic materials. Springer International Publishing, Cham, 2021, ISBN 978-3-030-63208-3 https://doi.org/10.1007/978-3-030-63210-6.

69. Barkhausen, H.: Zwei mit Hilfe der neuen Verstärker entdeckte Erscheinungen. Physikalische Zeitschrift 20 (1919) 401–403.

70. Faraday, M.: On some new electromagnetical motions, and on the theory of magnetism. Quarterly Journal of Science XII (1822).

71. Förster, F.: Ein Meßgerät zur schnellen Bestimmung magnetischer Größen. Zeitschrift für Metallkunde 32, 6 (1940) 184–190 https://doi.org/10.1515/ijmr-1940-320609.

72. Förster, F.; Stambke, K.: Magnetische Untersuchungen innerer Spannungen. Zeitschrift für Metallkunde 33, 3 (1941) 97–104 https://doi.org/10.1515/ijmr-1941-330301.

73. Stroppe, H.; Schiebold, K.: Wirbelstrom-Materialprüfung. Castell-Verlag GmbH, Wuppertal, 2011, ISBN 978-3-934255-49-4.

74. Bowler, N.: Eddy-current nondestructive evaluation. Springer, New York, NY, 2019, ISBN 978-1-4939-9627-8 https://doi.org/10.1007/978-1-4939-9629-2.

75. Heine, B.: Werkstoffprüfung. Fachbuchverlag Leipzig im Carl Hanser Verlag, München, 2015, ISBN 978-3-446-44455-3.

76. Jiles, D.; Atherton, D.: Theory of ferromagnetic hysteresis (invited). Journal of Applied Physics 55, 6 (1984) 2115–2120 https://doi.org/10.1063/1.333582.

77. Ramesh, A.; Jiles, D.; Roderick, J.: A model of anisotropic anhysteretic magnetization. IEEE Transactions on Magnetics 32, 5 (1996) 4234–4236 https://doi.org/10.1109/20.539344.

78. Wilson, P.; Ross, J.; Brown, A.: Optimizing the Jiles-Atherton model of hysteresis by a genetic algorithm. IEEE Transactions on Magnetics 37, 2 (2001) 989–993 https://doi.org/10.1109/20.917182.

79. Zirka, S.; Moroz, Y.; Harrison, R.; Chwastek, K.: On physical aspects of the Jiles-Atherton hysteresis models. Journal of Applied Physics 112, 4 (2012) 43916 https://doi.org/10.1063/1.4747915.

80. Jiles, D.: Introduction to magnetism and magnetic materials. Chapman & Hall, London, 1991, ISBN 978-0-412-38640-4.

81. Stewart, D.; Stevens, K.; Kaiser, A.: Magnetic Barkhausen noise analysis of stress in steel. Current Applied Physics 4, 2–4 (2004) 308–311 https://doi.org/10.1016/j.cap.2003.11.035.

82. Sablik, M.: A model for asymmetry in magnetic property behavior under tensile and compressive stress in steel. IEEE Transactions on Magnetics 33, 5 (1997) 3958–3960 https://doi.org/10.1109/20.619628.

83. Altpeter, I.; Becker, R.; Dobmann, G.; Kern, R.; Theiner, W.; Yashan, A.: Robust solutions of inverse problems in electromagnetic non-destructive evaluation. Inverse Problems 18, 6 (2002) 1907 https://doi.org/10.1088/0266-5611/18/6/328.

84. Altpeter, I.; Boller, C.; Fernath, R.; Hirninger, B.; Kopp, M.; Werner, S.; Wolter, B.: Zerstörungsfreie Detektion von Schleifbrand mittels elektromagnetischer Prüftechniken. DGZfP-Jahrestagung 2011 .

85. Hübschen, G.; Herrmann, H.-G.; Altpeter, I.; Tschuncky, R. (Hrsg.): Materials characterization using nondestructive evaluation methods. Woodhead Publishing an imprint of Elsevier, Cambridge, MA, 2016, ISBN 9780081000403.

86. Schneider, E.; Balijepalli, S.-K.; Kopp, M.: Zerstörungsfreie Bestimmung der Längsspannung in Bewehrungsstäben von Bauwerken. In: (Hrsg.) – ZfP in Forschung, Entwicklung und Anwendung. DGZfP-Jahrestagung 2011. CD-ROM, r Di.3.C.1, 8, 2011.

87. Altpeter, I.; Tschuncky, R.; Szielasko, K.: Electromagnetic techniques for materials characterization. In: Hübschen, G., Herrmann, H.-G., Altpeter, I., Tschuncky, R. (Hrsg.) – Materials characterization using nondestructive evaluation methods, 225–262, Woodhead Publishing an imprint of Elsevier, Cambridge, MA, 2016 https://doi.org/10.1016/B978-0-08-100040-3.00008-0.

88. Wenzel, H.: Zerstörungsfreie Werkstoffprüfung auf Materialfehler nach dem Wirbelstromverfahren. In: Steeb, S., Basler, G., Deutsch, V., Gauss, G., Griese, A., Güttinger,

T. W., Kolb, K., Schur, F., Staib, W., Stein, W., Vogt, M., Wezel, H. (Hrsg.) – Zerstörungsfreie Werkstück- und Werkstoffprüfung- Die gebräuchlichsten Verfahren im Überblick, expert, Tübingen, 2018.

89. Jiles, D.: Variation of the magnetic properties of AISI 4140 steels with plastic strain. In: Görlich (Hrsg.) – July 1988, 417–430, DE GRUYTER, 1988 https://doi.org/10.1515/9783112501306-045.

90. Bulin, T.; Svabenska, E.; Hapla, M.; Roupcova, P.; Ondrusek, C.; Schneeweiss, O.: Magnetic properties of 42CrMo4 steel. IOP Conference Series: Materials Science and Engineering 179 (2017) 12010 https://doi.org/10.1088/1757-899X/179/1/012010.

91. Wolter, B.; Gabi, Y.; Conrad, C.: Nondestructive resting with 3MA – An overview of principles and applications. Applied Sciences 9, 6 (2019) 1068 https://doi.org/10.3390/app9061068.

92. Eichhorn, F.; Zschau, M.: Messung des Eigenspannungsabbaus durch Analyse des Barkhausen-Rauschens. Z. Werkstofftech. 11 (1980) 213–216.

93. Ilker Yelbay, H.; Cam, I.; Hakan Gür, C.: Non-destructive determination of residual stress state in steel weldments by Magnetic Barkhausen Noise technique. NDT & E Int. 43, 1 (2010) 29–33 https://doi.org/10.1016/j.ndteint.2009.08.003.

94. Vourna, P.; Ktena, A.; Tsakiridis, P.; Hristoforou, E.: An accurate evaluation of the residual stress of welded electrical steels with magnetic Barkhausen noise. Measurement 71 (2015) 31–45 https://doi.org/10.1016/j.measurement.2015.04.007.

95. Lindgren, M.; Lepistö, T.: Effect of prestraining on Barkhausen noise vs. stress relation. NDT & E International 34, 5 (2001) 337–344 https://doi.org/10.1016/S0963-8695(00)00073-6.

96. Sorsa, A.; Leiviskä, K.; Santa-aho, S.; Lepistö, T.: Quantitative prediction of residual stress and hardness in case-hardened steel based on the Barkhausen noise measurement. NDT & E International 46 (2012) 100–106 https://doi.org/10.1016/j.ndteint.2011.11.008.

97. Blaow, M.; Evans, J.; Shaw, B.: Effect of deformation in bending on magnetic Barkhausen noise in low alloy steel. Materials Science and Engineering: A 386, 1–2 (2004) 74–80 https://doi.org/10.1016/j.msea.2004.08.007.

98. Blaow, M.; Evans, J.; Shaw, B.: Magnetic Barkhausen noise: the influence of microstructure and deformation in bending. Acta Materialia 53, 2 (2005) 279–287 https://doi.org/10.1016/j.actamat.2004.09.021.

99. Moorthy, V.; Shaw, B.; Day, S.: Evaluation of applied and residual stresses in case-carburised En36 steel subjected to bending using the magnetic Barkhausen emission technique. Acta Materialia 52, 7 (2004) 1927–1936 https://doi.org/10.1016/j.actamat.2003.12.034.

100. Adler, E.; Pfeiffer, H.: The influence of grain size and impurities on the magnetic properties of the soft magnetic alloy 47.5% NiFe. IEEE Transactions on Magnetics 10, 2 (1974) 172–174 https://doi.org/10.1109/TMAG.1974.1058314.

101. Pal'a, J.; Bydžovský, J.: Barkhausen noise as a function of grain size in non-oriented FeSi steel. Measurement 46, 2 (2013) 866–870 https://doi.org/10.1016/j.measurement.2012.10.014.

102. Titto, S.: On the mechanism of magnetization transitions in steel. IEEE Transactions on Magnetics 14, 5 (1978) 527–529 https://doi.org/10.1109/TMAG.1978.1059823.

103. Ktena, A.; Hristoforou, E.; Gerhardt, G.; Missell, F.; Landgraf, F.; Rodrigues Jr., D.; Alberteris-Campos, M.: Barkhausen noise as a microstructure characterization tool. Physica B 435 (2014) 109–112 https://doi.org/10.1016/j.physb.2013.09.027.

104. Moorthy, V.; Vaidyanathan, S.; Raj, B.; Jayakumar, T.; Kashyap, B.: Insight into the microstructural characterization of ferritic steels using micromagnetic parameters. Metallurgical and Materials Transactions A 31, 4 (2000) 1053–1065 https://doi.org/10.1007/s11661-000-0101-7.

105. Vashista, M.; Moorthy, V.: On the shape of the magnetic Barkhausen noise profile for better revelation of the effect of microstructures on the magnetisation process in ferritic steels. J. Magn. Magn. Mater. 393 (2015) 584–592 https://doi.org/10.1016/j.jmmm.2015.06.008.

106. Saquet, O.; Chicois, J.; Vincent, A.: Barkhausen noise from plain carbon steels: analysis of the influence of microstructure. Materials Science and Engineering: A 269, 1 (1999) 73–82 https://doi.org/10.1016/S0921-5093(99)00155-0.

107. Baldev, R.; Jayakumar, T.; Moorthy, V.; Vaidyanathan, S.: Characterisation of microstructures, deformation, and fatigue damage in different steels using magnetic Barkhausen emission technique Barkhausen Emission Technique. Russ. J. Nondestruct. Test. 37, 11 (2001) 789–798.

108. Batista, L.; Rabe, U.; Altpeter, I.; Hirsekorn, S.; Dobmann, G.: On the mechanism of nondestructive evaluation of cementite content in steels using a combination of magnetic Barkhausen noise and magnetic force microscopy techniques. Journal of Magnetism and Magnetic Materials 354 (2014) 248–256 https://doi.org/10.1016/j.jmmm.2013.11.019.

109. Jayakumar, T.; Koble, T.; Theiner, W.; Raj, B.: Magnetic method for characterisation of cold rolled AISI type 304 stainless steel. Nondestructive Testing and Evaluation 10, 4 (1993) 205–214 https://doi.org/10.1080/10589759308952795.

110. Haušild, P.; Kolařík, K.; Karlík, M.: Characterization of strain-induced martensitic transformation in A301 stainless steel by Barkhausen noise measurement. Materials & Design 44 (2013) 548–554 https://doi.org/10.1016/j.matdes.2012.08.058.

111. Kikuchi, H.; Ara, K.; Kamada, Y.; Kobayashi, S.: Effect of microstructure changes on Barkhausen noise properties and hysteresis loop in cold rolled low carbon steel. IEEE Transactions on Magnetics 45, 6 (2009) 2744–2747 https://doi.org/10.1109/TMAG.2009.2020545.

112. Kleber, X.; Vincent, A.: On the role of residual internal stresses and dislocations on Barkhausen noise in plastically deformed steel. NDT & E International 37, 6 (2004) 439–445 https://doi.org/10.1016/j.ndteint.2003.11.008.

113. Strodick, S.; Berteld, K.; Schmidt, R.; Biermann, D.; Zabel, A.; Walther, F.: Influence of cutting parameters on the formation of white etching layers in BTA deep hole drilling. tm – Technisches Messen 87, 11 (2020) 674–682 https://doi.org/10.1515/teme-2020-0046.

114. Stupakov, A.; Neslušan, M.; Perevertov, O.: Detection of a milling-induced surface damage by the magnetic Barkhausen noise. Journal of Magnetism and Magnetic Materials 410 (2016) 198–209 https://doi.org/10.1016/j.jmmm.2016.03.036.

115. Franco, F.; González, M.; Campos, M. de; Padovese, L.: Relation between magnetic barkhausen noise and hardness for jominy quench tests in SAE 4140 and 6150 steels.

Journal of Nondestructive Evaluation 32, 1 (2013) 93–103 https://doi.org/10.1007/s10 921-012-0162-8.

116. Santa-aho, S.; Sorsa, A.; Honkanen, M.; Vippola, M.: Detailed Barkhausen noise and microscopy characterization of Jominy end-quench test sample of CF53 steel. Journal of Materials Science 10, 14 (2019) 1 https://doi.org/10.1007/s10853-019-04284-z.

117. Roskosz, M.; Fryczowski, K.; Schabowicz, K.: Evaluation of ferromagnetic steel hardness based on an analysis of the Barkhausen noise number of events. Materials (Basel, Switzerland) 13, 9 (2020) https://doi.org/10.3390/ma13092059.

118. Blaow, M.; Evans, J.; Shaw, B.: Effect of hardness and composition gradients on Barkhausen emission in case hardened steel. Journal of Magnetism and Magnetic Materials 303, 1 (2006) 153–159 https://doi.org/10.1016/j.jmmm.2005.07.034.

119. Shaw, B.; Evans, J.; Wojtas, A.; Suominen, L.: Grinding process control using the magnetic Barkhausen noise method. In: Albanese, R., Rubinaccci, G., Takagi, T., Udpa, S. S. (Hrsg.) – Electromagnetic nondestructive evaluation (II), 82–91, IOS Press, Amsterdam, Netherlands, 1998.

120. Sackmann, D.; Heinzel, J.; Karpuschewski, B.: An approach for a reliable detection of grinding burn using the Barkhausen noise multi-parameter analysis. Procedia CIRP 87 (2020) 415–419 https://doi.org/10.1016/j.procir.2020.02.076.

121. Jermolajev, S.; Epp, J.; Heinzel, C.; Brinksmeier, E.: Material modifications caused by thermal and mechanical load during grinding. Procedia CIRP 45 (2016) 43–46 https://doi.org/10.1016/j.procir.2016.02.159.

122. Rößler, M.; Putz, M.; Hochmuth, C.; Gentzen, J.: In-process evaluation of the grinding process using a new Barkhausen noise method. Procedia CIRP 99 (2021) 202–207 https://doi.org/10.1016/j.procir.2021.03.028.

123. Thanedar, A.; Dongre, G.; Singh, R.; Joshi, S.: Surface integrity investigation including grinding burns using barkhausen noise (BNA). Journal of Manufacturing Processes 30 (2017) 226–240 https://doi.org/10.1016/j.jmapro.2017.09.026.

124. Knyazeva, M.; Rozo Vasquez, J.; Gondecki, L.; Weibring, M.; Pöhl, F.; Kipp, M.; Tenberge, P.; Theisen, W.; Walther, F.; Biermann, D.: Micro-magnetic and microstructural characterization of wear progress on case-hardened 16MnCr5 gear wheels. Materials 11, 11 (2018) https://doi.org/10.3390/ma11112290.

125. Tenkamp, J.; Haack, M.; Walther, F.; Weibring, M.; Tenberge, P.: Application of micro-magnetic testing systems for non-destructive analysis of wear progress in case-hardened 16MnCr5. Materials Testing 58, 9 (2016) 709–716.

126. Baak, N.; Tenkamp, J.; Walther, F.; Garlich, M.; Bambach, M.; Weibring, M.; Tenberge, P.: Magnetische-Barkhausen-Rauschen-Analyse zur zerstörungsfreien Produktions- und Betriebsüberwachung lokaler physikalischer Eigenschaften. In: Frenz, H., Langer, J. B. (Hrsg.) – Fortschritte in der Werkstoffprüfung für Forschung und Praxis- Prüftechnik – Kennwertermittlung – Schadensvermeidung, 129–134, Deutscher Verband für Materialforschung und -prüfung e. V. (DVM), Berlin, 2017.

127. Schreiber, J.: Fractal nature of Barkhausen noise – Key to characterise the damage state of magnetic materials. In: Knopp, J., Blodgett, M. (Hrsg.) – Electromagnetic nondestructive evaluation (XIII)- 14th International Workshop on Electromagnetic Nondestructive Evaluation (ENDE); Dayton, Ohio, USA, 21–23 July 2009; proceedings, 238–246, IOS Press, Amsterdam, 2010 https://doi.org/10.3233/978-1-60750-554-9-238.

128. Cikalova, U.; Schreiber, J.; Hillmann, S.; Meyendorf, N.: Auto-calibration principles for two-dimensional residual stress measurements by Barkhausen noise technique. AIP Conference Proceedings 1581, 1 (2014) 1243–1247 https://doi.org/10.1063/1.486 4963.

129. Cikalová, U.; Bendjus, B.; Schreiber, J.: Bewertung des Spannungszustandes und der Materialschädigung von Komponenten industrieller Anlagen. Materials Testing 51, 10 (2009) 678–685 https://doi.org/10.3139/120.110088.

130. Holweger, W.; Walther, F.; Loos, J.; Wolf, M.; Schreiber, J.; Dreher, W.; Kern, N.; Lutz, S.: Non-destructive subsurface damage monitoring in bearings failure mode using fractal dimension analysis. Industrial Lubrication and Tribology 64, 3 (2012) 132–137 https://doi.org/10.1108/00368791211218650.

131. Dobman, G.; Kröning, M.; Theiner, W.; Willems, H.; Feidler, U.: Nondestructive characterization of materials ultrasonic and micromagnetie techniques) for strength and toughness prediction and the detection of early creep damage. Nuclear Engineering and Design 157 (1992) 137–158.

132. Teschke, M.; Vasquez, J.; Lücker, L.; Walther, F.: Characterization of damage evolution on hot flat rolled mild steel sheets by means of micromagnetic parameters and fatigue strength determination. Materials 13, 11 (2020) https://doi.org/10.3390/ma13112486.

133. Samfaß, L.; Baak, N.; Meya, R.; Hering, O.; Tekkaya, A.; Walther, F.: Micro-magnetic damage characterization of bent and cold forged parts. Production Engineering 14, 1 (2020) 77–85 https://doi.org/10.1007/s11740-019-00934-y.

134. Samfaß, L.; Walther, F.: Einfluss umformtechnisch induzierter Schädigung auf das Ermüdungsverhalten und die magnetischen Werkstoffeigenschaften des Stahls 16MnCrS5. In: G. Moninger (Hrsg.) – Werkstoffprüfung 2018 – Werkstoffe und Bauteile auf dem Prüfstand, 39–44, Stahleisen Verlag, 2018.

135. Schiebold, K.: Zerstörungsfreie Werkstoffprüfung – Durchstrahlungsprüfung. Springer, Berlin, Heidelberg, 2015, ISBN 978-3-662-44668-3 https://doi.org/10.1007/978-3-662-44669-0.

136. Fitzpatrick, M.; Fry, A.; Holdway, P.; Kandil, F.; Shackleton, J.; Suominen, L.: Determination of residual stresses by X-ray diffraction. Measurement good practice guide 2002, 52 .

137. Macherauch, E.; Müller, P.: Das $\sin^2 \psi$ Verfahren von Rontgenographische Eigenspannungen. Zeitschrift für angewandte Physik 13, 7 (1961) 305–312.

138. Tanaka, K.: X-ray measurement of triaxial residual stress on machined surfaces by the cosα method using a two-dimensional detector. Journal of Applied Crystallography 51, 5 (2018) 1329–1338 https://doi.org/10.1107/S1600576718011056.

139. Taira, S.; Tanaka, K.; Yamasaki, T.: A method of X-Ray Microbeam measurement of local stress and its application to fatigue cracl growth problems (in japanese). Journal of the Society of Materials Science, Japan 27, 294 (1978) 251–256 https://doi.org/10.2472/jsms.27.251.

140. Tanaka, K.: The cosα method for X-ray residual stress measurement using two-dimensional detector. Mechanical Engineering Reviews 6, 1 (2019) 18-00378-18-00378 https://doi.org/10.1299/mer.18-00378.

141. Delbergue, D.; Texier, D.; Lévesque, M.; Bocher, P.: Comparison of two X-ray residual stress measurement methods: sin2 ψ and cos α, Through the determination of a

martensitic steel X-ray elastic constant. In: (Hrsg.) – Residual Stresses 2016, 55–60, Materials Research Forum LLC, 2017 https://doi.org/10.21741/9781945291173-10.

142. Ramirez-Rico, J.; Lee, S.-Y.; Ling, J.; Noyan, I.: Stress measurement using area detectors: a theoretical and experimental comparison of different methods in ferritic steel using a portable X-ray apparatus. Journal of Materials Science 51, 11 (2016) 5343–5355 https://doi.org/10.1007/s10853-016-9837-3.

143. Matthes, S.: Röntgendiffraktometrie mit dem Pulstec µ-x360 Gerät – Vergleichende Untersuchungen. In: Erhard, A., Purschke, M., Kurz, J., Treppmann, D. (Hrsg.) – ZfP heute – Wissenschaftliche Beiträge zur Zerstörungsfreien Prüfung, 18–21, Deutsche Gesellschaft für Zerstörungsfreie Prüfung e.V, Berlin, 2020.

144. Spieß, L.; Matthes, S.; Grüning, A.: Röntgenographische Spannungsmessung Vergleich von sin 2 ψ- und cos α-Verfahren. In: Erhard, A., Purschke, M., Kurz, J., Treppmann, D. (Hrsg.) – ZfP heute – Wissenschaftliche Beiträge zur Zerstörungsfreien Prüfung, 39–41, Deutsche Gesellschaft für Zerstörungsfreie Prüfung e.V, Berlin, 2020.

145. Schwartz, A.; Kumar, M.; Adams, B.; Field, D. (Hrsg.): Electron backscatter diffraction in materials science. Springer US, Boston, MA, 2009, ISBN 978-0-387-88135-5 https://doi.org/10.1007/978-0-387-88136-2.

146. Nishikawa, S.; Kikuchi, S.: Diffraction of cathode rays by calcite. Nature 122, 3080 (1928) 726 https://doi.org/10.1038/122726a0.

147. Alexander, H.: Physikalische Grundlagen der Elektronenmikroskopie. Vieweg+Teubner Verlag, Wiesbaden, 1997, ISBN 978-3-519-03221-2 https://doi.org/10.1007/978-3-663-12296-8.

148. Goldstein, J.; Newbury, D.; Michael, J.; Ritchie, N.; Scott, J.; Joy, D.: Scanning electron microscopy and X-ray microanalysis. Springer New York, New York, NY, 2018, ISBN 978-1-4939-6674-5 https://doi.org/10.1007/978-1-4939-6676-9.

149. Baak, N.; Nickel, J.; Biermann, D.; Walther, F.: Microstructure analysis of single-lip deep hole drilled bores by electron backscatter diffraction and magnetic Barkhausen noise. Procedia CIRP, 108 (2022) 740–745 https://doi.org/10.1016/j.procir.2022.03.114.

150. Baak, N.; Schaldach, F.; Nickel, J.; Biermann, D.; Walther, F.: Barkhausen noise assessment of the surface conditions due to deep hole drilling and their influence on the fatigue behaviour of AISI 4140. Metals 8, 9 (2018) 720 https://doi.org/10.3390/met8090720.

151. Nickel, J.; Baak, N.; Volke, P.; Walther, F.; Biermann, D.: Thermomechanical impact of the single-lip deep hole drilling on the surface integrity on the example of steel components. Journal of Manufacturing and Materials Processing 5, 4 (2021) 120 https://doi.org/10.3390/jmmp5040120.

152. Nickel, J.; Baak, N.; Volke, P.; Walther, F.; Biermann, D.: Thermal influence on the surface integrity during single-lip deep hole drilling of steel components. MM Science Journal 2021, 3 (2021) 4636–4643 https://doi.org/10.17973/MMSJ.2021_7_2021070.

153. Nickel, J.; Baak, N.; Walther, F.; Biermann, D.: Investigation of the thermomechanical loads on the bore surface during single-lip deep hole drilling of steel components. Procedia CIRP, 108 (2022) 805–810 https://doi.org/10.1016/j.procir.2022.03.125.

154. Liao, Z.; La Monaca, A.; Murray, J.; Speidel, A.; Ushmaev, D.; Clare, A.; Axinte, D.; M'Saoubi, R.: Surface integrity in metal machining – Part I: Fundamentals of surface

characteristics and formation mechanisms. International Journal of Machine Tools and Manufacture 162 (2021) 103687 https://doi.org/10.1016/j.ijmachtools.2020.103687.

155. La Monaca, A.; Murray, J.; Liao, Z.; Speidel, A.; Robles-Linares, J.; Axinte, D.; Hardy, M.; Clare, A.: Surface integrity in metal machining – Part II: Functional performance. International Journal of Machine Tools and Manufacture 164 (2021) 103718 https://doi.org/10.1016/j.ijmachtools.2021.103718.

156. Baak, N.; Nickel, J.; Starke, P.; Biermann, D.; Walther, F.: Qualification of an inner surface Barkhausen noise sensor for residual stress measurements of single-lip deep drilled AISI 4140 by means of X-ray diffraction. Proceedings of the 13th International Conference on Barkhausen Noise and Micromagnetic Testing (2019) 1–8.

157. Nickel, J.; Baak, N.; Biermann, D.; Walther, F.: Einfluss des Tiefbohrens auf die Schwingfestigkeit. wt Werkstattstechnik online 108, 11/12 (2018) 767–772.

158. Schaldach, F.: Untersuchungen zum Einfluss der Vorschubgeschwindigkeit auf die Schwingfestigkeit des Vergütungsstahls 42CrMo4+QT, Fachwissenschaftliche Projektarbeit, Technische Universität Dortmund, 2019.

159. Pavel, M. von: Charakterisierung des Dehnrateneinflusses auf die Festigkeit tiefgebohrter Bauteile aus dem Vergütungsstahl 42CrMo4+QT, Fachwissenschaftliche Projektarbeit, Technische Universität Dortmund, 2021.

160. Wright, S.; Nowell, M.; Lindeman, S.; Camus, P.; Graef, M. de; Jackson, M.: Introduction and comparison of new EBSD post-processing methodologies. Ultramicroscopy 159 Pt 1 (2015) 81–94 https://doi.org/10.1016/j.ultramic.2015.08.001.

161. Camus, P.; Wright, S.; Nowell, M.; Kloe, R. de:: Scientific analysis of NPAR processing of EBSD results for beam-sensitive materials. Microscopy and Microanalysis 23, S1 (2017) 1836–1837 https://doi.org/10.1017/S1431927617009849.

162. Kamaya, M.; Kubushiro, K.; Sakakibara, Y.; Suzuki, S.; Morita, H.; Yoda, R.; Kobayashi, D.; Yamagiwa, K.; Nishiokan, T.; Yamazaki, Y.; Kamada, Y.; Hanada, T.; Ohtani, T.: Round robin crystal orientation measurement using EBSD for damage assessment. Mechanical Engineering Journal 3, 3 (2016) 16–00077–16–00077 https://doi.org/10.1299/mej.16-00077.

163. DIN EN ISO 6507–1 – Metallische Werkstoffe – Härteprüfung nach Vickers – Teil 1: Prüfverfahren. Beuth Verlag, Berlin.

164. Hülsbusch, D.: Charakterisierung des temperaturabhängigen Ermüdungs- und Schädigungsverhaltens von glasfaserverstärktem Polyurethan und Epoxid im LCF- bis VHCF-Bereich. Springer Fachmedien Wiesbaden, Wiesbaden, 2021, ISBN 978-3-658-34642-3 https://doi.org/10.1007/978-3-658-34643-0.

165. Baak, N.; Nickel, J.; Biermann, D.; Walther, F.: Micromagnetic-based fatigue life prediction of single-lip deep drilled AISI 4140. In: Correia, J. A., Jesus, A. M. de, Fernandes, A. A., Calçada, R. (Hrsg.) – Mechanical Fatigue of Metals, 19–25, Springer International Publishing, Cham, 2019 https://doi.org/10.1007/978-3-030-13980-3_3.

166. Baak, N.; Nickel, J.; Deiters, A.; Biermann, D.; Walther, F.: Barkhausen noise-based assessment of single-lip deep drilling focused on fatigue life improvement of AISI 4140 component-near specimens. In: Akid, R. (Hrsg.) – Fatigue 2021- Proceedings of the 8th Engineering Integrity Society International Conference on Durability & Fatigue : online & on-demand, 29–31 March 2021, 195–204, Engineering Integrity Society, Farnsfield, Nottinghamshire, 2021.

167. Baak, N.; Nickel, J.; Biermann, D.; Walther, F.: Barkhausen noise-based fatigue life prediction of deep drilled AISI 4140. Procedia Structural Integrity 18 (2019) 274–279 https://doi.org/10.1016/j.prostr.2019.08.164.

168. Baak, N.; Hajavifard, R.; Lücker, L.; Rozo Vasquez, J.; Strodick, S.; Teschke, M.; Walther, F.: Micromagnetic approaches for microstructure analysis and capability assessment. Materials Characterization 178 (2021) 111189 https://doi.org/10.1016/j.matchar.2021.111189.

169. Coria, N.: Charakterisierung und Modellierung der Eigenspannungen mittels Einlippenbohren hergestellter Bauteile aus dem Vergütungsstahl 42CrMo4+QT, Masterarbeit, Technische Universität Dortmund, 2022.

170. Karentzopoulos, P.; Okulla, N.: Untersuchungen zum Einfluss der Kühlschmierstrategie auf die Schwingfestigkeit ein-lippentiefgebohrter Bauteile des Vergütungsstahls 42CrMo4+QT, Fachwissenschaftliche Projektarbeit, Technische Universität Dortmund, 2022.

171. Chiappetta, S.: Wirbelstrombasierte Charakterisierung der fertigungsbedingten Randzonenbeeinflussung und der Ermüdungsfestigkeit einlippentiefgebohrter Bauteile des Vergütungsstahls 42CrMo4+QT, Masterarbeit, 2022.

172. Deiters, A.: Charakterisierung des Kerbeinflusses auf die Ermüdungsfestigkeit tiefgebohrter Bauteile aus dem Vergütungsstahl 42CrMo4+QT, Masterarbeit, Technische Universität Dortmund, 2019.

173. Theling, C.: Erstellung eines Prädiktionsmodells zur Auslegung schwingungsbelasteter tiefgebohrter Bauteile, Bachelorarbeit, Technische Universität Dortmund, 2020.

If you have any concerns about our products,
you can contact us on
ProductSafety@springernature.com

In case Publisher is established outside the EU,
the EU authorized representative is:
Springer Nature Customer Service Center GmbH
Europaplatz 3, 69115 Heidelberg, Germany

Printed by Libri Plureos GmbH
in Hamburg, Germany